# 电子电路设计与仿真

主　编：马文峰

副主编：许凤慧　王　聪

编　者：荣传振　田　辉　朱　熠　王　浩

东 南 大 学 出 版 社

·南京·

## 内容提要

本书共6章,包括常用电子元器件基础知识,常用电子仪器的使用,电子电路设计、制作、焊接及调试的相关方法,Multisim的基本使用,电子电路基础实验及仿真。

本书的内容编排注重结合电子电路的工程应用实际和技术发展方向,既有硬件知识的介绍,又有仿真软件的基本使用和实用案例;既有基础元件构成的基本电路实验,又有智能控制器件(STM32单片机)构成的应用电路实验。在帮助学生学习基础理论的同时,努力培养学生的工程素养和创新能力。

本书可作为高等学校非电类专业电工电子系列课程的实验教材和理论教学参考书,也可供从事电工电子技术工作的工程技术人员、非电类相关课程的教师及学生参考。

**图书在版编目(CIP)数据**

电子电路设计与仿真 / 马文峰主编. — 南京:东南大学出版社,2022.9

ISBN 978 - 7 - 5766 - 0182 - 4

Ⅰ.①电… Ⅱ.①马… Ⅲ.①电子电路-电路设计-高等学校-教材 Ⅳ.①TN702

中国版本图书馆 CIP 数据核字(2022)第 137244 号

责任编辑:史 静　　　责任校对:韩小亮　　　封面设计:顾晓阳　　　责任印制:周荣虎

**电子电路设计与仿真**　**Dianzi Dianlu Sheji Yu Fangzhen**

| | |
|---|---|
| 主　　编 | 马文峰 |
| 出版发行 | 东南大学出版社 |
| 社　　址 | 南京市四牌楼2号(邮编:210096　电话:025 - 83793330) |
| 网　　址 | http://www.seupress.com |
| 电子邮箱 | press@seupress.com |
| 经　　销 | 全国各地新华书店 |
| 印　　刷 | 江苏凤凰数码印务有限公司 |
| 开　　本 | 787mm×1092mm　1/16 |
| 印　　张 | 12.25 |
| 字　　数 | 265千字 |
| 版　　次 | 2022年9月第1版 |
| 印　　次 | 2022年9月第1次印刷 |
| 书　　号 | ISBN 978 - 7 - 5766 - 0182 - 4 |
| 定　　价 | 42.00元 |

本社图书若有印装质量问题,请直接与营销部联系,电话:025 - 83791830。

# 前　言

　　电子电路设计与仿真是高等院校工科专业的通识类实验课程,知识点多、覆盖面广,具有较强的理论性和工程实践性。本书是在总结多年实践教学改革经验的基础上,综合考虑了理论课程特点和技术发展趋势,为适应当前创新型人才培养目标要求而编写的。本书的重要特点是以实际操作为主,在扎实完成基本训练的基础上,把仿真引入到每一个基础实验中,使学生既能通过基本实验掌握电子测量的基本技能,又能利用仿真软件完成实验的仿真计算。通过仿真使学生更好地掌握设计方法,从而培养学生的工程意识。本书从本科学生实践技能和创新意识的早期培养着手,注重结合电子技术的工程应用实践和发展方向,在帮助学生消化和巩固理论知识的同时,注意引导学生运用所学知识解决工程实际问题,激发学生的创新思维,努力培养学生的工程素养和创新能力,促进学生知识、能力水平的提高和综合素质的培养。本书编写的特点是由浅入深、通俗易懂;各章节的内容既循序渐进又相对独立,方便教师根据学生情况和教学需要选择不同教学内容。感谢东南大学出版社编辑史静老师在本书出版过程中的大力支持。限于编者水平和时间,书中错误和不妥之处还请读者批评指正。

# 目　录

# 1　常用电子元器件基础知识

常用电子元器件包括电阻器、电容器、电感器、晶体二极管、晶体三极管、场效应管等半导体分立器件以及常用集成电路,它们是构成电子电路的基本部件。了解常用电子元器件的基础知识,学会识别和测量,是正确使用电子元器件的基础,是设计、安装及调试电子电路必须具备的基本技能。

## 1.1　基本无源器件

电阻器、电容器、电感器都属于无源器件(工作时不需要专门的附加电源),在电路里起到明显的阻碍作用。其中,电阻器体现出阻抗,大小为 $R$;电容器体现出容抗,大小为 $\dfrac{1}{\mathrm{j}\omega C}$;电感器体现出感抗,大小为 $\mathrm{j}\omega L$。

### 1.1.1　电阻器

电阻器是电子电路中使用最多的元件之一,主要用于控制和调节电路中的电流和电压,以及用作负载电阻和阻抗匹配等。

电阻器种类繁多,按结构形式可分为固定电阻器和可变电阻器,固定电阻器一般称为电阻器,可变电阻器常称为电位器,如图 1-1-1 所示;按材料可分为碳膜电阻器、金属膜电阻器和线绕电阻器等;按功率规格可分为 $\dfrac{1}{16}$ W、$\dfrac{1}{8}$ W、$\dfrac{1}{4}$ W、$\dfrac{1}{2}$ W、1 W、2 W、5 W 等规格的电阻器;按误差范围可分为 ±5%、±10%、±20% 等精度的普通电阻器,以及 ±0.1%、±0.2%、±0.5%、±1%、±2% 等精度的精密电阻器。电阻器的类别可以通过外观的标记加以识别。

（a）固定电阻器　　　　　　　　（b）电位器

**图 1-1-1　电阻器的符号表示**

1. 电阻器的型号命名方法
电阻器的型号分为四个部分表示,见表 1-1-1。

表 1-1-1　电阻器的型号命名法

| 第1部分 | | 第2部分 | | 第3部分 | | 第4部分 |
|---|---|---|---|---|---|---|
| 用字母表示主称 | | 用字母表示材料 | | 用数字或字母表示特征 | | 用数字表示序号 |
| 符号 | 意义 | 符号 | 意义 | 符号 | 意义 | |
| R | 电阻器 | T | 碳膜 | 1,2 | 普通 | 额定功率 |
| W | 电位器 | P | 硼碳膜 | 3 | 超高频 | 阻值 |
| | | U | 硅碳膜 | 4 | 高阻 | 允许误差 |
| | | C | 沉积膜 | 5 | 高温 | 精度等级 |
| | | H | 合成膜 | 7 | 精密 | |
| | | I | 玻璃釉膜 | 8 | 电阻器—高压 | |
| | | J | 金属膜(箔) | | 电位器—特殊函数 | |
| | | Y | 氧化膜 | | | |
| | | S | 有机实心 | 9 | 特殊 | |
| | | N | 无机实心 | G | 高功率 | |
| | | X | 线绕 | T | 可调 | |
| | | R | 热敏 | X | 小型 | |
| | | G | 光敏 | L | 测量用 | |
| | | M | 压敏 | W | 微调 | |
| | | | | D | 多圈 | |

例如:RJ71型精密金属膜电阻器型号各部分的含义如图 1-1-2 所示。

图 1-1-2　电阻器型号示例

2. 电阻器的标称阻值

电阻器阻值的常用单位为欧姆($\Omega$)、千欧($k\Omega$)和兆欧($M\Omega$)。标称阻值是指在进行电阻的生产过程中,按一定的规格生产电阻系列,如表 1-1-2 所示。电阻器的标称阻值应为表中数字的 $10^n$ 倍,其中 $n$ 为正整数、负整数或零,现在最常见的为 E24 系列,其精度为 $\pm 5\%$。

表 1-1-2　电阻器(电位器)、电容器的标称值系列

| 系列 | 允许误差 | 标称值 |
|---|---|---|
| E24 | Ⅰ级($\pm 5\%$) | 1.0　1.1　1.2　1.3　1.5　1.6　1.8　2.0　2.2　2.4　2.7　3.0<br>3.3　3.6　3.9　4.3　4.7　5.1　5.6　6.2　6.8　7.5　8.2　9.1 |
| E12 | Ⅱ级($\pm 10\%$) | 1.0　1.2　1.5　1.8　2.2　2.7　3.3　3.9　4.7　5.6　6.8　8.2 |
| E6 | Ⅲ级($\pm 20\%$) | 1.0　1.5　2.2　3.3　4.7　6.8 |

3. 电阻器的标示方法

电阻器的标称阻值和允许误差一般都标注在电阻体上,常见的标示方法有如下几种。

（1）直标法：直接把电阻的标称阻值和允许误差用数字或字母印在电阻体上，如 75 kΩ ±10%、100 Ω I（I 为误差±5%），没有印允许误差等级的则一律表示误差为±20%。

（2）色标法：将不同颜色的色环涂在电阻体上来表示电阻的标称阻值和允许误差。色环电阻上各种颜色代表的标称阻值和允许误差如表 1-1-3 所示。

表 1-1-3　色标法中各种颜色符号的意义

| 颜色 | 有效数字 | 倍乘数 | 允许误差(%) | 颜色 | 有效数字 | 倍乘数 | 允许误差(%) |
|---|---|---|---|---|---|---|---|
| 棕 | 1 | $10^1$ | ±1 | 灰 | 8 | $10^8$ | — |
| 红 | 2 | $10^2$ | ±2 | 白 | 9 | $10^9$ | — |
| 橙 | 3 | $10^3$ | — | 黑 | 0 | $10^0$ | — |
| 黄 | 4 | $10^4$ | — | 金 | | $10^{-1}$ | ±5 |
| 绿 | 5 | $10^5$ | ±0.5 | 银 | | $10^{-2}$ | ±10 |
| 蓝 | 6 | $10^6$ | ±0.2 | 无色 | | — | ±20 |
| 紫 | 7 | $10^7$ | ±0.1 | | | | |

色标法常见的有四色环法和五色环法。四色环法一般用于普通电阻器的标注，其读数识别规则为：前两环为有效数字位，第三环是倍乘数，第四环是允许误差。五色环法一般用于精密电阻器的标注，其读数识别规则为：前三环为有效数字位，第四环是倍乘数，第五环是允许误差。色环标志读数识别规则如图 1-1-3 所示。

（a）普通电阻器　　　　　　　（b）精密电阻器

图 1-1-3　固定电阻器的色环标志读数识别规则

4. 电阻器的额定功率

电流流过电阻器时会使电阻器产生热量，在规定温度下，电阻器在电路中长期连续工作所允许消耗的最大功率称为额定功率。电阻的额定功率有两种标注方法：2 W 以上的电阻，直接用数字印在电阻体上；2 W 以下的电阻，以自身体积大小来表示功率，体积越大，则额定功率越大。

5. 电阻器的简单测试

测量电阻器的方法很多，可用欧姆表、电阻电桥和数字欧姆表直接测量，也可根据欧姆定律 $R=U/I$，通过测量流过电阻的电流 $I$ 及电阻上的电压 $U$ 来间接测量电阻值。

6. 电位器

电位器是一种阻值可连续调整变化的可调电阻。电位器有三个引出端，其中一个为滑动端，另两个为固定端。滑动端运动使滑动端与固定端之间的阻值在标称电阻值范围内变化。

电位器的种类很多，按电阻体所用的材料不同分为碳膜电位器、线绕电位器、金属膜电位器、碳质实心电位器、有机实心电位器和玻璃釉电位器等。常用的电位器有碳膜电位器、线绕电位器、直滑式电位器、方形电位器等。

电位器的参数与电阻器相同，此处不再赘述。电位器阻值变化规律有直线式、指数式和对数式三种，可以根据需要选用。

## 1.1.2 电容器

电容器是由两个相互靠近的金属导体中间夹一层不导电的绝缘介质组成，它是一种储能元件，在电路中作隔绝直流、耦合交流、旁路交流等用。

电容器按不同的分类方法可分为不同种类，如按介质材料可分为瓷质、涤纶、电解、气体和液体电容器；按结构可分为固定、可变和半可变电容器，如图 1-1-4 所示，其中（a）中有"＋"符号的为电解电容，它有极性。由于结构和材料的不同，电容器外形也有较大的区别。

(a) 固定电容　　　　　(b) 可变电容　　　　　(c) 半可变电容

**图 1-1-4　电容器的符号表示**

1. 电容器的型号命名方法

电容器的型号分为四个部分表示，见表 1-1-4。

2. 电容器的标称容量和允许误差

电容器的常用单位为法拉（F）、微法（$\mu$F）、纳法（nF）和皮法（pF），它们的换算关系为：$1\,F=10^6\,\mu F=10^9\,nF=10^{12}\,pF$。标称容量是标注在电容器上的电容量，我国固定电容器的标称容量系列为 E24、E12 和 E6，如表 1-1-2 所示。不同材料制造的电容器的标称容量系列也不一样，高频瓷质电容器和涤纶电容器的标称容量采用 E24 系列，而电解电容器的标称容量采用 E6 系列。

电容器的允许误差一般分为三级，即Ⅰ级，$\pm5\%$；Ⅱ级，$\pm10\%$；Ⅲ级，$\pm20\%$。电解电容的误差允许范围较宽，可达$-20\%\sim+50\%$。

3. 电容器的标示方法

电容器的容量一般都标在电容器上，有的还标出误差和耐压。常见的标示方法有如下几种。

（1）直标法：将标称容量及允许误差直接标注在电容体上。采用直标法标注容量时，有时不标单位,其识读方法为:凡容量大于 1 的无极性电容器,其容量单位为 pF;凡容量小于 1 的电容器,其容量单位为 $\mu F$;凡有极性电容器,容量单位是 $\mu F$。例如:

2u2——表示容量为 $2.2\mu F$;      4n7——表示容量为 4.7nF 或 4 700 pF;

0.01——表示容量为 $0.01\mu F$;      3 300——表示容量为 3 300 pF。

表 1 - 1 - 4 电容器型号命名方法

| 第 1 部分 | | 第 2 部分 | | 第 3 部分 | | | | | 第 4 部分 |
|---|---|---|---|---|---|---|---|---|---|
| 用字母表示主称 | | 用字母表示材料 | | 用数字或字母表示特征 | | | | | 用数字表示序号 |
| 符号 | 意义 | 符号 | 意义 | 符号 | 意义 | | | | |
| | | | | | 瓷介电容器 | 云母电容器 | 有机介质电容器 | 电解电容器 | |
| C | 电容器 | A | 钽电解 | 1 | 圆形 | 非密封 | 非密封(金属箔) | 箔式 | |
| | | B | 非极性有机薄膜介质 | 2 | 管形(圆柱) | 非密封 | 非密封(金属化) | 箔式 | |
| | | C | 1 类陶瓷介质 | 3 | 迭片 | 密封 | 密封(金属箔) | 烧结粉(非固体) | |
| | | D | 铝电解 | 4 | 多层(独石) | 独石 | 密封(金属化) | 烧结粉(固体) | |
| | | E | 其他材料电解 | 5 | 穿心 | | 穿心 | | |
| | | G | 合金电解 | 6 | 支柱式 | | 交流 | 交流 | |
| | | H | 复合介质 | 7 | 交流 | 标准 | 片式 | 无极性 | |
| | | I | 玻璃釉介质 | 8 | 高压 | 高压 | 高压 | | |
| | | J | 金属化纸介质 | 9 | | | 特殊 | 特殊 | |
| | | L | 极性有机薄膜介质 | G | 高功率 | | | | |
| | | N | 铌电解 | | | | | | |
| | | O | 玻璃膜介质 | | | | | | |
| | | Q | 漆膜介质 | | | | | | |
| | | S | 3 类陶瓷介质 | | | | | | |
| | | T | 2 类陶瓷介质 | | | | | | |
| | | V | 云母纸介质 | | | | | | |
| | | Y | 云母介质 | | | | | | |
| | | Z | 纸介质 | | | | | | |

(2)数标法:用三位数字表示电容器容量大小,其中前两位为电容标称容量的有效数字,第三位数字表示有效数字后面 0 的个数,单位是 pF;但第三位数字是 9 时,有效数字应乘上 $10^{-1}$。例如:

103——表示容量 10 000 pF＝$0.01\mu F$;      221——表示容量 220 pF;

339——表示容量 $33\times10^{-1}$＝3.3 pF。

直标法和数标法对于初学者来讲比较容易混淆,其区别方法为:一般来说直标法的第三位为 0,而数标法的第三位不为 0。

(3)色标法:电容器容量的色标法与电阻器阻值的色标法相同,标志颜色意义也与电阻器的基本相同,可参见表 1 - 1 - 3,单位为 pF。

4. 电容器的额定工作电压

电容器的额定工作电压是电容器接入电路后,能够长期可靠地工作,不被击穿所能承受的最大直流电压,又称耐压。电容器在使用时一般不能超过其耐压值,否则就会造成电容器损坏,严重时还会造成电容器爆炸。电容器耐压值一般都直接标注在电容器表面,常用的电容器耐压系列为 6.3 V、10 V、16 V、25 V、40 V、63 V、100 V、250 V、400 V 等。

例如:电容器型号 CJX‐250‐0.33‐±10% 各部分的含义如图 1‐1‐5 所示。

图 1‐1‐5 电容器型号示例

### 1.1.3 电感器

电感器一般由线圈构成,故又称为电感线圈。电感器也是一种储能元件,在电路中有阻交流、通直流的作用,可以在交流电路中起到阻流、降压、负载等作用,与电容器配合可用于调谐、振荡、耦合、滤波和分频等电路中。

电感器根据结构的不同,可分为普通电感器和带磁芯电感器;根据电感量是否可调,可分为固定电感器和可变电感器。电感器的符号如图 1‐1‐6 所示。可变电感器的电感量可利用磁芯在线圈内移动而在较大的范围内进行调整。

（a）电感器线圈　　　　（b）带磁芯电感器　　　　（c）带磁芯可变电感器

图 1‐1‐6 电感器的符号

1. 电感器的型号命名方法

电感器的型号由四部分组成,各部分的含义如下:

第一部分为主称,常用 L 表示线圈,ZL 表示高频或低频扼流圈;

第二部分为特征,常用 G 表示高频;

第三部分为类型,常用 X 表示小型;

第四部分为区别代号。

例如:LGX 表示小型高频电感线圈。

2. 电感器的标称电感量和允许误差

电感量是表述电感器载流线圈中磁通量与电流关系的物理量,其大小与线圈圈数、线圈线径、绕制方法以及磁芯介质材料有关。电感量的常用单位为 H(亨利)、mH(毫亨)、$\mu$H(微亨)。为了增加电感量,可提高品质因数 $Q$,减小体积,在线圈中放置软磁材料制作的磁芯。

固定电感器的标称电感量可用直标法表示,也可用色标法表示。色环电感器的标称电感量一般用四色环标注,与色环电阻器的标示方法和识读方法相似,参见表 1‐1‐3,其单位

是 μH。电感器的标称值系列一般按 E12 系列标注,参见表 1-1-2。

固定电感器的允许误差一般分为 Ⅰ 级、Ⅱ 级、Ⅲ 级,分别表示允许误差为±5%、±10%、±20%。精度要求较高的振荡线圈的允许误差为±0.2%～±0.5%。

**3. 品质因数(Q 值)**

品质因数是电感器的一项重要参数,通常称为 Q 值。Q 值的大小与绕制线圈所用导线的线径粗细、绕法、股数以及线圈的匝数等因素有关。Q 值能够反映电感器传输能量的能力大小,Q 值越大,传输能量的能力越大,即损耗越小,质量越高,一般要求 Q 值为 50～300。

**4. 额定电流**

额定电流是电感线圈中允许通过的最大电流,其大小与绕制线圈的线径粗细有关。国产色环电感器通常用在电感器上印刷字母的方法来表示最大直流工作电流,字母 A、B、C、D、E 分别表示最大工作电流为 50 mA、150 mA、300 mA、700 mA、1 600 mA。

# 1.2　晶体二极管

## 1.2.1　晶体二极管的分类

晶体二极管又称为半导体二极管,简称二极管,是常用的半导体分立器件之一,其内部构成本质上为一个 PN 结,P 端引出电极为正极,N 端引出电极为负极。晶体二极管的主要特性为单向导电性,广泛应用于整流、稳压、检波、变容、显示等电子电路中。

普通二极管一般有玻璃和塑料两种封装形式,其外壳上均印有型号和标记,识别很简单:小功率二极管的负极(N 极)大多通过在二极管外壳上用一道色环标识出来,也有采用符号标志为"P""N"来确定二极管的极性;发光二极管的正负极可通过引脚长短来识别,长脚为正极,短脚为负极。

晶体二极管的种类很多,如表 1-2-1 所示。

表 1-2-1　晶体二极管分类表

| 二极管 | 按材料分 | 锗材料 | 二极管 | 按封装分 | 玻璃外壳(小型用) |
| --- | --- | --- | --- | --- | --- |
| | | 硅材料 | | | 金属外壳(大型用) |
| | 按结构分 | 点接触型 | | | 塑料外壳 |
| | | 面接触型 | | | 环氧树脂外壳 |
| | 按用途分 | 检波 | | 按用途分 | 发光 |
| | | 整流 | | | 光电 |
| | | 高压整流 | | | 变容 |
| | | 硅堆 | | | 磁敏 |
| | | 稳压 | | | 隧道 |
| | | 开关 | | | |

### 1.2.2 晶体二极管的主要技术参数

不同类型晶体二极管的主要技术参数有所不同,具有一定普遍意义的技术参数有以下几个:

**1. 额定正向工作电流**

额定正向工作电流指二极管长期连续工作时允许通过的最大正向电流值。因为电流通过二极管时会使管芯发热,温度上升,若温度超过容许限度(硅管为 140 ℃左右,锗管为 90 ℃左右),就会使管芯发热而损坏。所以,二极管使用时不要超过额定正向工作电流。例如,常用的 IN4001～4007 型锗整流二极管的额定正向工作电流为 1 A。

**2. 最高反向工作电压**

加在二极管两端的反向电压高到一定值时会将管子击穿,使其失去单向导电能力。为了保证使用安全,规定了二极管的最高反向工作电压值,也称为反向耐压。例如,IN4001 型二极管的反向耐压为 50 V,IN4007 型二极管的反向耐压为 1 000 V。

**3. 反向电流**

反向电流指二极管在规定的温度和最高反向电压的作用下,流过二极管的反向电流。反向电流越小,则二极管的单向导电性能越好。值得注意的是,反向电流与温度有着密切的关系,大约温度每升高 10 ℃,反向电流将增大 1 倍。在高温下硅二极管比锗二极管具有更好的稳定性。

### 1.2.3 常用晶体二极管

常用晶体二极管所对应的电路图形符号如图 1-2-1 所示。

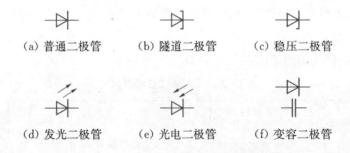

(a) 普通二极管　　(b) 隧道二极管　　(c) 稳压二极管

(d) 发光二极管　　(e) 光电二极管　　(f) 变容二极管

**图 1-2-1 常用晶体二极管的电路图形符号**

**1. 整流二极管**

整流二极管的作用是将交流电整流成直流电,它是利用二极管单向导电特性工作的。整流二极管正向工作电流较大,工艺上大多用面接触结构,其结电容较大,因此整流二极管的工作频率一般小于 3 kHz。

整流二极管主要有全封闭金属结构封装和塑料封装两种封装形式。通常,额定正向工作电流在 1 A 以上的整流二极管采用金属封装,以利于散热;额定正向工作电流在 1 A 以下的整流二极管采用全塑料封装。另外,由于工艺技术的不断提高,也有不少较大功率的整流二极管采用塑料封装,在使用中应加以区别。

整流电路通常为桥式整流电路,将四个整流二极管封装在一起的元件称为整流桥或整流全桥(简称全桥),如图 1-2-2 所示。

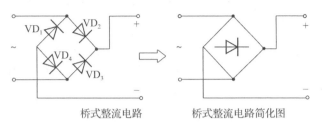

桥式整流电路　　　　　　桥式整流电路简化图

**图 1-2-2　桥式整流电路**

选用整流二极管时,主要应考虑其最大整流电流、最大反向工作电流、截止频率及反向恢复时间等参数。普通串联稳压电源电路中使用的整流二极管,对截止频率和反向恢复时间的要求不高(可选用 1N 系列、2CZ 系列、RLR 系列的整流二极管)。开关稳压电源的整流电路及脉冲整流电路中使用的整流二极管,应选用工作频率高、反向恢复时间较短的整流二极管(例如:RU 系列、EU 系列、V 系列、1SR 系列或快速恢复二极管)。

2. 检波二极管

检波二极管是利用 PN 结伏安特性的非线性把叠加在高频信号上的低频信号分离出来的一种二极管。检波二极管要求正向压降小、检波效率高、结电容小、频率特性好,其外形一般采用 EA 玻璃封装。一般检波二极管采用锗材料点接触型结构。

选用检波二极管时,应根据电路的具体要求选择工作频率高、反向电流小、正向电流足够大的检波二极管。

3. 稳压二极管

稳压二极管又称齐纳二极管,有玻璃封装、塑料封装和金属外壳封装三种封装形式。稳压二极管利用 PN 结反向击穿时电压基本不随电流变化的特点来达到稳压的目的。稳压二极管正常工作时工作于反向击穿状态,外电路要加合适的限流电阻,以防止烧毁管子。

稳压二极管是根据击穿电压来分档的,其稳压值就是击穿电压值。稳压二极管主要作为稳压器或电压基准元件使用,可以串联使用,其稳压值为各稳压管稳压值之和。稳压二极管不能并联使用,原因是每个管子的稳压值有差异,并联后通过每个管子的电流不同,个别管子会因过载而损坏。

选用稳压二极管时应满足应用电路中主要参数的要求。稳压二极管的稳压值应与应用电路的基准电压值相同,稳压二极管的最大稳定电流应高于应用电路最大负载电流的 50% 左右。

### 4. 变容二极管

变容二极管是利用反向偏压来改变二极管 PN 结电容量的一种特殊半导体器件。变容二极管相当于一个电压控制的容量可变的电容器,它的两个电极之间的 PN 结电容的大小随加到变容二极管两端反向电压大小的改变而变化。变容二极管主要应用于电调谐、自动频率控制、稳频等电路中,作为一个可以通过电压控制的自动微调电容,起到改变电路频率特性的作用。

选用变容二极管时应考虑其工作频率、最高反向工作电压、最大正向电流和零偏压结电容等参数是否符合应用电路的要求,应选用结电容变化大、高 $Q$ 值、反向漏电流小的变容二极管。

### 5. 光电二极管

光电二极管在光照射下其反向电流与光照度成正比,常应用于光电转换及光控、测光等自动控制电路中。

### 6. 发光二极管

发光二极管(LED)能把电能直接快速地转换成光能,属于主动发光器件,常用作显示、状态信息指示等器件。

发光二极管除了具有普通二极管的单向导电特性之外,还可以将电能转换为光能。给发光二极管外加正向电压时,它也处于导通状态,当正向电流流过管芯时,发光二极管就会发光,将电能转换成光能。

发光二极管的发光颜色主要由制作材料以及掺入杂质的种类决定,目前常见的发光二极管发光颜色主要有蓝色、绿色、黄色、橙色、红色、白色等。其中白色发光二极管主要应用于手机背光灯、液晶显示器背光灯、照明等领域。

发光二极管的工作电流通常为 $2 \sim 25$ mA,其工作电流不能超过额定值太多,否则有烧毁的危险。故通常在发光二极管回路中需串联一个电阻作为限流电阻。限流电阻 $R$ 的阻值可由以下公式算出:$R = (U - U_F)/I_F$,式中 $U$ 是电源电压,$U_F$ 是工作电压,$I_F$ 是工作电流。

工作电压(即正向压降)随着材料的不同而不同,普通绿色、黄色、红色、橙色发光二极管的工作电压约 2 V,白色发光二极管的工作电压通常高于 2.4 V,蓝色发光二极管的工作电压通常高于 3.3 V。

红外发光二极管是一种特殊的发光二极管,其外形和发光二极管相似,只是它发出的是红外光,在正常情况下人眼是看不见的。红外发光二极管的工作电压约为 1.4 V,工作电流一般小于 20 mA。

有些公司将两个不同颜色的发光二极管封装在一起,使之成为双色二极管(又名变色发光二极管),这种发光二极管通常有三个引脚,其中一个是公共脚,它可以发出三种颜色的光(其中一种是两种颜色的混合色),故通常用作不同工作状态的指示器件。

### 7. 双向触发二极管

双向触发二极管也称二端交流器件(DIAC)。它是一种硅双向触发开关器件,当双向触发二极管两端施加的电压超过其击穿电压时,两端即导通,导通将持续到电流中断或降到器件的最小保持电流时才会再次关断。双向触发二极管常应用于过压保护电路、移相电路、晶闸管触发电路、定时电路中。双向触发二极管在常用的调光台灯中的应用电路如图 1-2-3所示。

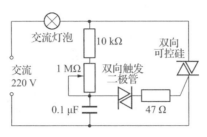

**图 1-2-3 调光台灯电路**

**8. 其他特性二极管**

(1)肖特基二极管:肖特基二极管具有反向恢复时间很短、正向压降较低的特性,可用于高频整流、检波、高速脉冲钳位等。

(2)快速恢复二极管:快速恢复二极管的正向压降与普通二极管相近,但反向恢复时间短,耐压比肖特基二极管高得多,可用作中频整流元件。

(3)开关二极管:开关二极管的反向恢复时间很短,主要用于开关脉冲电路和逻辑控制电路中。

## 1.2.4 晶体二极管的使用注意事项

**1. 普通二极管的使用注意事项**

(1)在电路中应按注明的极性进行连接。

(2)根据需要正确选择型号。同一型号的整流二极管可串联、并联使用。在串联、并联使用时,应视实际情况决定是否需要加入均衡(串联均压、并联均流)装置(或电阻)。

(3)引出线的焊接或弯曲处与管壳的距离不得小于 10 mm。为防止因焊接时过热而损坏二极管,要使用小于 60 W 的电烙铁,焊接时间要快(2~3 s)。

(4)应避免靠近发热元件并保证散热良好。工作于高频或脉冲电路的二极管,其引线要尽量短。

(5)对于整流二极管,为保证其可靠工作,反向电压常降低 20% 使用。

(6)切勿超过产品数据手册中规定的最大允许电流和电压值。

(7)二极管替换时,替换的二极管的最高反向工作电压和最大整流电流不应小于被替换管。根据工作特点,还应考虑其他特性,如截止频率、结电容、开关速度等。硅管和锗管不能互相替换。

**2. 稳压二极管的使用注意事项**

(1)可将任意稳压二极管串联使用,但不得并联使用。

（2）工作过程中,所用稳压二极管的电流与功率不允许超过极限值。

（3）稳压二极管接在电路中应工作于反向击穿状态,即工作于稳压区。

（4）稳压二极管替换时,必须使替换上去的稳压二极管的稳压电压额定值 $U_Z$ 与原稳压二极管的值相等,而最大工作电流则要相等或更大。

## 1.3　晶体三极管

晶体三极管是电子电路中广泛应用的有源器件之一,在模拟电子电路中主要起放大作用;此外,它也能在开关、控制、振荡等电路中发挥作用。

### 1.3.1　晶体三极管的分类和图形符号

**1. 晶体三极管的分类**

晶体管的分类如表 1-3-1 所示。

表 1-3-1　晶体三极管分类表

| 三极管 | 按导电类型分 | NPN 晶体三极管 | 三极管 | 按工艺方法和管芯结构分 | 合金晶体三极管(均匀基区晶体三极管) |
|---|---|---|---|---|---|
| | | PNP 晶体三极管 | | | |
| | 按频率分 | 高频晶体三极管 | | | 合金扩散晶体三极管(缓变基区晶体三极管) |
| | | 低频晶体三极管 | | | |
| | 按功率分 | 小功率晶体三极管 | | | 台面晶体三极管(缓变基区晶体三极管) |
| | | 中功率晶体三极管 | | | |
| | | 大功率晶体三极管 | | | |
| | 按电性能分 | 开关晶体三极管 | | | 平面晶体三极管、外延平面晶体三极管(缓变基区晶体三极管) |
| | | 高反压晶体三极管 | | | |
| | | 低噪声晶体三极管 | | | |

**2. 晶体三极管的电路图形符号和引脚排列**

晶体三极管按内部半导体极性结构的不同,可划分为 NPN 型和 PNP 型,这两类三极管的电路图形符号和引脚排列如图 1-3-1 所示。

（a）NPN 管　　　　（b）PNP 管　　　　（c）金属外壳封装　　　（d）塑料外壳封装

图 1-3-1　晶体三极管的电路图形符号和引脚排列

晶体三极管引脚的排列因型号、封装形式与功能等的不同而有所区别。小功率三极管的封装形式有金属外壳封装和塑料外壳封装两种,大功率三极管的外形一般分为 F 型和 G 型两种。

### 1.3.2 晶体三极管常用参数及其意义

**表 1-3-2 晶体三极管常用参数及其意义**

| 参数符号 | 意　义 |
|---|---|
| $I_{CBO}$ | 发射极开路时,集电极与基极间的反向电流 |
| $I_{CEO}$ | 基极开路时,集电极与发射极间的反向电流(俗称穿透电流),$I_{CEO} \approx \beta I_{CBO}$ |
| $U_{BES}$ | 晶体三极管处于导通状态时,输入端 B、E 之间的电压降 |
| $U_{CES}$ | 在共发射极电路中,晶体三极管处于饱和状态时,C、E 端点间的输出压降 |
| $r_{BE}$ | 输入电阻,是晶体三极管输出端交流短路即 $\Delta U_{CE} = 0$ 时 B-E 极间的电阻,$r_{BE} = \frac{\Delta U_{BE}}{\Delta I_B}$($U_{CE} =$ 常数),对于低频小功率管,$r_{BE} = 300\ \Omega + (1+\beta)\frac{26(\text{V})}{I_E(\text{mA})}$ |
| $h_{FE}$ | 共发射极小信号直流电流放大系数:$h_{FE} = \frac{I_C}{I_B}$ |
| $\beta$ | 共发射极小信号交流电流放大系数:$\beta = \frac{\Delta I_C}{\Delta I_B}$($U_{CE} =$ 常数) |
| $\alpha$ | 共基极电流放大系数:$\alpha = \frac{I_C}{I_E}$ |
| $f_\beta$ | 共发射极截止频率,是晶体三极管共发射极应用时,其 $\beta$ 值下降 0.707 倍时所对应的频率 |
| $f_\alpha$ | 共基极截止频率,是晶体三极管共基极应用时,其 $\alpha$ 值下降至 0.707 倍时所对应的频率 |
| $f_T$ | 特征频率,是晶体三极管共发射极应用时,其 $\beta$ 值下降为 1 时所对应的频率。它表征晶体三极管具备电流放大能力的极限 |
| $K_P$ | 功率增益,是晶体三极管输出功率与输入功率之比 |
| $f_{max}$ | 最高振荡频率,是晶体管的功率增益 $K_P = 1$ 时所对应的工作频率。它表征晶体三极管具备功率放大能力的极限 |
| $U_{CBO}$ | 发射极开路时,集电极-基极间的击穿电压 |
| $U_{CEO}$ | 基极开路时,集电极-发射极间的击穿电压 |
| $I_{CM}$ | 集电极最大允许电流,是 $\beta$ 值下降到最大值的 1/2 或 1/3 时的集电极电流 |
| $P_{CM}$ | 集电极最大耗散功率,是集电极允许耗散功率的最大值 |
| $N_F$ | 噪声系数,是晶体三极管的输入端信噪比与输出端信噪比的相对比值 |
| $t_{on}$ | 开启时间,表示晶体三极管由截止关态过渡到导通开态所需要的时间,由延迟时间和上升时间两部分组成:$t_{on} = t_d + t_r$ |
| $t_{off}$ | 关闭时间,表示晶体三极管由导通开态过渡到截止关态所需要的时间,由储存时间和下降时间两部分组成:$t_{off} = t_s + t_f$ |

### 1.3.3 晶体三极管的使用注意事项

（1）加到管子上的电压极性应正确。PNP 管的发射极对其他两电极是正电位，而 NPN 管则应是负电位。

（2）不论是静态、动态还是不稳定态（如电路开启、关闭时），均须防止电流、电压超出最大极限，也不得有两项以上的参数值同时达到极限。

（3）晶体三极管替换时，只要管子的基本参数相同就能替换，性能高的可替换性能低的。对于低频小功率管，任何型号的高、低频小功率管都可以替换它，但 $f_T$ 不能太高。只要 $f_T$ 符合要求，一般就可以替换高频小功率管，但应选取内反馈小的管子，$h_{FE} > 20$ 即可。对于低频大功率管，一般只要 $P_{CM}$、$I_{CM}$、$U_{CEO}$ 符合要求即可，但应考虑 $h_{FE}$、$U_{CES}$ 的影响。对电路中有特殊要求的参数（如 $N_F$、开关参数）应满足。此外，通常锗管和硅管不能互换。

（4）工作于开关状态的晶体三极管，因 $U_{CEO}$ 一般较低，所以应考虑是否要在基极回路加保护线路（如线圈两端并联续流二极管），以防止线圈反电动势损坏管子。

（5）管子应避免靠近发热元件，并且应减小温度变化和保证管壳散热良好。功率放大管在耗散功率较大时应加散热片，管壳与散热片应紧贴固定。散热装置应垂直安装，以利于空气自然对流。

（6）国产晶体三极管 $\beta$ 值的大小通常采用色标法表示，即在晶体三极管顶面涂上不同的色点。各种颜色对应的 $\beta$ 值见表 1-3-3。

表 1-3-3 部分国产晶体三极管用色点表示的 $\beta$ 值

| 色点 | 棕 | 红 | 橙 | 黄 | 绿 | 蓝 | 紫 | 灰 | 白 | 黑 |
|------|------|------|------|------|------|------|------|------|------|------|
| $\beta$ | 5~15 | 15~25 | 25~40 | 40~55 | 55~80 | 80~120 | 120~180 | 180~270 | 270~400 | 400 以上 |

# 1.4 场效应管

场效应指半导体材料的导电能力随电场改变而变化的现象。

当给晶体管加上一个变化的输入信号时，信号电压的改变使加在器件上的电场改变，从而改变器件的导电能力，使器件的输出电流随电场信号的改变而改变，这种器件称为场效应管。场效应管的特性与电子管很相似，同是电压控制器件。电子管中的电子是在真空中运动从而完成导电任务；场效应管则是由多数载流子（电子或空穴）在半导体材料中运动而实现导电的，参与导电的只有一种载流子，故又称为单极性晶体管。场效应管的内部基本构成也是 PN 结，是一种通过电场实现电压对电流控制的新型三端电子元器件，其外部电路特性与晶体三极管相似。

场效应管的特点是：输入阻抗高，在线路上便于直接耦合；结构简单，便于设计，容易实现大规模集成;温度稳定性好,不存在电流集中的问题,避免了二次击穿;是多子导电的单极器件,不存在少子存储效应,开关速度快、截止频率高、噪声系数低;其 $U$、$I$ 成平方律关系,是良好的非线性器件。因此,场效应管用途广泛,可用于开关、阻抗匹配、微波放大、大规模集成等领域,构成交流放大器、有源滤波器、直流放大器、电压控制器、源极跟随器、斩波器、定时电路等。

## 1.4.1　场效应管的分类和电路图形符号

**1. 场效应管的分类**

(1) 按内部构成特点分类

场效应管按内部构成可分为结型场效应管(JFET)和绝缘栅型场效应管(IGFET),其中绝缘栅型场效应管多为以二氧化硅为绝缘层的 MOS 场效应管(MOSFET)。

(2) 按结构和材料分类

①结型场效应管(JFET)

- 硅 FET(SiFET):分为单沟道、V 形槽、多沟道三类。

- 砷化镓 FET(GaAsFET):分为扩散结、生长结、异质结三类。

②肖特基栅场效应管(MESFET)

- SiMESFET。

- GaAsMESFET:分为单栅、双栅、梳状栅三类。

- 异质结 MESFET(InPMESFET)。

③金属-氧化物-半导体场效应管(MOSFET)

- SiMOSFET:分为 NMOS、PMOS、CMOS、DMOS、VMOS、SOS SOI 等类型。

- GaAsMOSFET。

- InPMOFET。

(3) 按导电沟道分类

①N 沟道 FET:沟道为 N 型半导体材料,导电载流子为电子的 FET。

②P 沟道 FET:沟道为 P 型半导体材料,导电载流子为空穴的 FET。

(4) 按工作状态分类

①耗尽型(常开型):当栅源电压为 0 时已经存在导电沟道的 FET。

②增强型(常关型):当栅源电压为 0 时导电沟道夹断,当栅源电压为一定值时才能形成导电沟道的 FET。

JFET 可分为 N 沟道和 P 沟道两种类型。MOSFET 也有 N 沟道和 P 沟道两种类型,但每一类又可分为增强型和耗尽型两种,因此 MOSFET 有四种具体类型:N 沟道增强型 MOSFET、N 沟道耗尽型 MOSFET、P 沟道增强型 MOSFET、P 沟道耗尽型 MOSFET。

**2. 场效应管的电路图形符号**

JFET 的电路图形符号如图 1-4-1 所示。

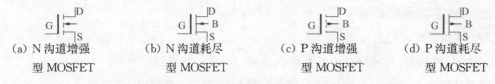

(a) N 沟道 JFET         (b) P 沟道 JFET

**图 1 - 4 - 1 JFET 的电路图形符号**

MOSFET 的电路图形符号如图 1 - 4 - 2 所示。

(a) N 沟道增    (b) N 沟道耗    (c) P 沟道增    (d) P 沟道耗
型 MOSFET     型 MOSFET     型 MOSFET     型 MOSFET

**图 1 - 4 - 2 MOSFET 的电路图形符号**

## 1.4.2 场效应管常用参数及其意义

场效应管常用参数及其意义如表 1 - 4 - 1 所示。

**表 1 - 4 - 1 场效应管常用参数及其意义**

| 参数名称 | 符号 | 意　义 |
| --- | --- | --- |
| 夹断电压 | $U_P$ | 在规定的漏源电压下,使漏源电流下降到规定值(即使沟道夹断)时的栅源电压 $U_{GS}$。此定义适用于耗尽型 JFET 和 MOSFET |
| 开启电压（阈值电压） | $U_T$ | 在规定的漏源电压 $U_{DS}$ 下,使漏源电流 $I_{DS}$ 达到规定值(即发生反型沟道)时的栅源电压 $U_{GS}$。此定义适用于增强型 MOSFET。 |
| 漏源饱和电流 | $I_{DSS}$ | 栅源短路($U_{GS}=0$)、漏源电压足够大时,漏源电流几乎不随漏源电压变化,所对应漏源电流为漏源饱和电流。此定义适用于耗尽型 JEFT 和 MOSFET |
| 跨导 | $g_m(g_{ms})$ | 漏源电压一定时,栅压变化量与由此而引起的漏电流变化量之比。它表征栅电压对栅电流的控制能力,单位是西门子(S): $$g_{ms}=\frac{\Delta I_D}{\Delta U_{GS}}\bigg|_{U_{DS}=常数}$$ |
| 截止频率 | $f_T$ | 共源电路中,输出短路电流等于输入电流时的频率。与双极性晶体管的 $f_T$ 很相似。由于 $g_m$ 与 $C_{GS}$ 都随栅压变化,所以 $f_T$ 亦随栅压的改变而改变: $$f_T=\frac{g_m}{2\pi C_{GS}}$$ （式中 $C_{GS}$ 为栅源电容） |
| 漏源击穿电压 | $BV_{DS}$ | 漏源电流开始急剧增加时所对应的漏源电压 |
| 栅源击穿电压 | $BV_{GS}$ | 对于 JFET,是栅源之间反向电流急剧增长时对应的栅源电压;对于 MOSFET,是使 $SiO_2$ 绝缘层击穿导致栅源电流急剧增长时的栅源电压 |
| 直流输入电阻 | $r_{GS}$ | 栅电压与栅电流之比。对于 JFET,是 PN 结的反向电阻;对于 MOSFET,是栅绝缘层的电阻 |

### 1.4.3 场效应管的使用注意事项

(1) 为安全使用场效应管,电路设计时不能超过场效应管的耗散功率、最大漏源电压、最大栅源电压和最大电流等参数的极限值。结型场效应管的源极、漏极可以互换使用。

(2) 各类型场效应管在使用时应严格按要求的偏置接入电路中,要遵守场效应管偏置的极性。如结型场效应管的栅极、源极、漏极之间是 PN 结,N 沟道管的栅极不能加正偏压,P 沟道管的栅极不能加负偏压等。

(3) MOSFET 由于输入阻抗极高,所以在运输、储藏时必须将引出脚短路,要用金属屏蔽包装,以防止外来感应电势将栅极击穿。尤其要注意,不能将 MOSFET 放入塑料盒子内,保存时最好放在金属盒内,同时也要注意场效应管的防潮。

(4) 为了防止场效应管栅极感应击穿,要求一切测试仪器、工作台、电烙铁、电路本身都必须有良好的接地。管脚在焊接时,先焊源极;在连入电路之前,场效应管的全部引线端保持互相短接状态,焊接完后才把短接材料去掉。从元器件架上取下管子时,应以适当的方式确保人体接地,如采用接地环等。在未关断电源时,绝对不可以把场效应管插入电路或从电路中拔出。

(5) 在安装场效应管时,安装的位置要尽量避免靠近发热元件。为了防止场效应管件振动,要将管子壳体紧固起来;管脚引线在弯曲时,应在距根部 5 mm 以外处进行,以防止弯断管脚、引起漏气等。使用功率型场效应管时要有良好的散热条件。因为功率型场效应管在高负荷条件下运用,必须设计足够的散热器,确保壳体温度不超过额定值,才能使场效应管长期稳定可靠地工作。

# 1.5 模拟集成器件

### 1.5.1 集成电路基础知识

集成电路(Integrated Circuit,IC)按功能可分为模拟集成电路和数字集成电路。模拟集成电路用来产生、放大和处理各种模拟信号;数字集成电路用来产生、处理各种数字信号。

**1. 模拟集成电路**

模拟集成电路相对数字集成电路和分立元件电路而言具有以下特点:

(1) 电路处理的是连续变化的模拟量电信号,除输出级外,电路中的信号幅度值较小,集成电路内的器件大多工作在小信号状态。

(2) 信号的频率范围通常可以从直流一直延伸至高频段。

(3) 模拟集成电路在生产中采用多种工艺,其制造技术一般比数字集成电路复杂。

(4) 除了应用于低压电器中的电路,大多数模拟集成电路的电源电压较高。

（5）模拟集成电路相对分立元件电路而言，具有内繁外简的特点，即内部构成电路复杂，外部应用方便，外接电路元件少，电路功能更加完善。

模拟集成电路按功能可分为线性集成电路、非线性集成电路和功率集成电路。线性集成电路包括运算放大器、直流放大器、音频电压放大器、中频放大器、高频（宽频）放大器、稳压器、专用集成电路等；非线性集成电路包括电压比较器、A/D 转换器、D/A 转换器、读出放大器、调制解调器、变频器、信号发生器等；功率集成电路包括音频功率放大器、射频发射电路、功率开关、变换器、伺服放大器等。上述模拟集成电路的上限频率均在 300 MHz 以下，300 MHz 以上的则称为微波集成电路。

2. 数字集成电路

数字集成电路按制作工艺可分为双极型和单极型两类。双极型电路中具有代表性的是晶体管-晶体管逻辑（TTL）集成电路；单极型电路中具有代表性的是互补金属氧化物半导体（CMOS）集成电路。国产 TTL 集成电路的标准系列为 CT54/74 系列或 CT0000 系列，其功能和外引线排列与国际 54/74 系列相同。国产 CMOS 集成电路主要为 CC(CH)4000 系列，其功能和外引线排列与国际 CD4000 系列相对应。

与双极型电路相比，CMOS 集成电路具有制造工艺简单、便于大规模集成、抗干扰能力强、功耗低、带负载能力强等优点，但也有工作速度偏低、驱动能力偏弱和易引入干扰等弱点。随着科技的发展，近年来，CMOS 集成电路工艺有了飞速的发展，使得 CMOS 集成电路在驱动能力和速度等方面大大提高，出现了许多新的系列，如 ACT 系列（具有与 TTL 相一致的输入特性）、HCT 系列（同 TTL 电平兼容）、低压电路系列等。当前，CMOS 集成电路在大规模、超大规模集成电路方面的应用已经超过了双极型电路的发展势头。

在实验室内，由于集成电路的使用者主要是学生，除了价格以外，所以应多考虑配置不易被损坏、兼容性好且常用的器件；另外，考虑到 CMOS 器件的使用越来越广泛，和 TTL 器件的兼容性也越来越好，建议实验室内配置 TTL 和 CMOS 两类电路。

（1）TTL 集成电路的特点

TTL 集成电路具有以下特点：

①输入端一般有钳位二极管，减少了反射干扰的影响。

②输出阻抗低，带容性负载的能力较强。

③有较大的噪声容限。

④采用＋5 V 的电源供电。

为了正常发挥器件的功能，应使器件在推荐的条件下工作，对 CT0000 系列（74LS 系列）器件，要求做到以下几点：

①电源电压应在 4.75～5.25 V 的范围内。

②环境温度在 0～70 ℃之间。

③高电平输入电压 $U_{I_H} > 2$ V，低电平输入电压 $U_{I_L} < 0.8$ V。

④输出电流应小于最大推荐值（可查阅产品数据手册）。

⑤工作频率不能太高，一般的门和触发器的最高工作频率约为 30 MHz。

（2）CMOS 集成电路的特点

CMOS 集成电路具有以下特点：

①静态功耗低：电源电压 $V_{DD}=5$ V 的中规模电路的静态功耗小于 100 $\mu$W，从而有利于提高集成度和封装密度，降低成本，减小电源功耗。

②电源电压范围宽：4000 系列 CMOS 集成电路的电源电压范围为 3～18 V，从而使电源选择余地大，电源设计要求低。

③输入阻抗高：正常工作的 CMOS 集成电路，其输入端保护二极管处于反偏状态，直流输入阻抗可大于 100 M$\Omega$。但在工作频率较高时，应考虑输入电容的影响。

④扇出能力强：在低频工作时，一个输出端可驱动 50 个以上的 CMOS 器件的输入端，这主要因为 CMOS 器件的输入阻抗高。

⑤抗干扰能力强：CMOS 集成电路的电压噪声容限可达电源电压的 45%，而且高电平和低电平的噪声容限值基本相等。

⑥逻辑摆幅大：空载时，输出高电平 $U_{OH}>(V_{DD}-0.05$ V$)$，输出低电平 $U_{OL}<(V_{SS}+0.05$ V$)$。

此外，CMOS 集成电路还有较好的温度稳定性和较强的抗辐射能力。但其不足之处是，一般 CMOS 器件的工作速度比 TTL 集成电路低，功耗随工作频率的升高而显著增大。

CMOS 器件的输入端和 $V_{SS}$ 之间接有保护二极管，除了电平变换器等一些接口电路外，输入端和正电源 $V_{DD}$ 之间也接有保护二极管，因此在正常运输和焊接 CMOS 器件时，一般不会因感应电荷而损坏器件。但是，在使用 CMOS 集成电路时，输入信号的低电平不能低于 $(V_{SS}-0.5$ V$)$，除某些接口电路外，输入信号的高电平不得高于 $(V_{DD}+0.5$ V$)$，否则可能引起保护二极管导通甚至损坏，进而可能使输入级损坏。

**3. 集成电路的数据手册**

每一个型号的集成逻辑器件都有自己的数据手册（即 datasheet），查阅数据手册可以获得诸如生产者、功能说明、设计原理、电特性（包括 DC 和 AC）、机械特性（封装和包装）、原理图和 PCB（Printed Circuit Board，印制电路板）设计指南等信息。其中有些信息是在使用时必须关注的，有些是根本不需要考虑的，而且设计要求不同，需要关注的信息也会有所不同。所以，要正确使用集成电路，必须学会阅读集成电路数据手册。基本要求是：

（1）要理解集成电路各参数的意义。

（2）要清楚为了达到目前的设计指标，自己最关心该集成电路的哪些参数。

（3）在数据手册中查找自己关心的参数，看是否能够满足自己的要求，这时可能会得到很多种在功能和性能上都满足设计要求的集成电路的型号。

（4）在满足功能和性能要求的前提下，综合考虑供货、性价比等情况做出最后选择，确定一个型号。

下面仅就集成电路的封装形式(见表 1-5-1)和引脚标识做简单说明,其他信息请查阅相关资料做详细了解。

**表 1-5-1 集成电路的封装形式**

| 序号 | 封装形式及其说明 | 外观举例 |
|---|---|---|
| 1 | 球栅触点阵列(BGA)封装:表面贴装型封装的一种,在 PCB 的背面布置二维阵列的球形端子,而不采用针脚引脚。焊球的间距通常为 1.5 mm、1.0 mm、0.8 mm,与插针网格阵列(PGA)封装相比,不会出现针脚变形问题。具体有增强型 BGA(EBGA)、低轮廓 BGA(LBGA)、塑料 BGA(PBGA)、细间距 BGA(FBGA)、带状封装超级 BGA(TSBGA)等封装 | |
| 2 | 双列直插式封装(DIP):引脚在芯片两侧排列,是插入式封装中最常见的一种。引脚间距为 2.54 mm,电气性能优良,又有利于散热,可制成大功率器件。具体有塑料 DIP(FDIP)、陶瓷 DIP(PCDIP)等封装 | |
| 3 | 带引脚的陶瓷芯片载体(CLCC)封装:表面贴装型封装的一种,引脚从封装的四个侧面引出,呈 J 字形,也称为 J 形引脚芯片载体(JLCC)封装、四侧 J 形引脚扁平(QFJ)封装。带有窗口的用于封装紫外线擦除型 EPROM 以及带有 EPROM 的微机电路等 | |
| 4 | 无引线陶瓷载体(LCCC)封装:芯片封装在陶瓷载体中,无引脚的电极焊端排列在底面的四边。引脚中心距为 1.27 mm,引脚数为 18~156。高频特性好,造价高,一般用于军品 | |
| 5 | 矩栅(岸面栅格)阵列(LGA)封装:是一种没有焊球的重要封装形式,它可直接安装到 PCB 上,比其他 BGA 封装在与基板或衬底的互连形式上要方便得多,被广泛应用于微处理器和其他高端芯片的封装 | |
| 6 | 四方扁平封装(QFP):表面贴装型封装的一种,引脚端子从封装的两个侧面引出,呈 L 字形。引脚间距为 1.0 mm、0.8 mm、0.65 mm、0.5 mm、0.4 mm、0.3 mm,引脚数可达 300 个以上。具体有薄(四方形)QFP(TQFP)、塑料 QFP(PQFP)、小引脚中心距 QFP(FQFP)、薄型 QFP(LQFP)等封装 | |

| 序号 | 封装形式及其说明 | 外观举例 |
|---|---|---|
| 7 | 插针网格阵列(PGA)封装:芯片内外有多个方阵形的插针,每个方阵形插针沿芯片的四周间隔一定距离排列,根据管脚数目的多少,可以围成 2～5 圈。安装时,将芯片插入专门的 PGA 插座。具体有塑料 PGA(PPGA)、有机 PGA(OPGA)、陶瓷 PGA(CPGA)等封装 | |
| 8 | 单列直插式(SIP)封装:引脚中心距通常为 2.54 mm,引脚数为 2～23。多数为定制产品,造价低且安装方便,广泛用于民品 | |
| 9 | 小外形封装(SOP):引脚有 J 形和 L 形两种形式,中心距一般分为 1.27 mm 和 0.8 mm 两种。1968—1969 年由菲利浦公司开发出 SOP 封装技术,以后逐渐派生出 J 形 SOP(JSOP)、薄 SOP(TSOP)、甚小 SOP(VSOP)、缩小型 SOP (SSOP)、薄的缩小型 SOP (TSSOP)及小外形晶体管(SOT)、小外形集成电路(SOIC)等封装 | |

不管哪种封装形式,外壳上都有供识别引脚排序/定位(或称第 1 脚)的标志,如管键、弧形凹口、圆形凹坑、小圆圈、色条、斜切角等。识别数字集成电路管脚的方法是:将 IC 正面的字母、代号对着自己,使定位标志朝左下方,则处于最左下方的管脚是第 1 脚,再按逆时针方向依次数管脚,第 2 脚、第 3 脚等。个别进口集成电路引脚的排列顺序是反的,这类集成电路的型号后面一般带有字母"R"。除了掌握这些一般规律外,要养成查阅数据手册的习惯,通过阅读数据手册,可以准确无误地识别集成电路的引脚。

实验中常用的数字集成电路芯片多为双列直插式封装(DIP),其引脚数有 14、16、20、24 等多种。在标准型 TTL/CMOS 集成电路中,电源端 $V_{CC}/V_{DD}$ 一般排在左上端,接地端 GND/$V_{SS}$ 一般排在右下端。

**4. 逻辑电平**

(1) 常用的逻辑电平

逻辑电平有 TTL、CMOS、LVTTL、ECL、PECL、GTL、RS232、RS422、LVDS 等。其中 TTL 和 CMOS 的逻辑电平按典型电压可分为四类:5 V 系列(5 V TTL 和 5 V CMOS)、3.3 V 系列、2.5 V 系列和 1.8 V 系列。5 V TTL 和 5 V CMOS 逻辑电平是通用的逻辑电平。3.3 V 及以下的逻辑电平被称为低电压逻辑电平,常用的为 LVTTL 电平。低电压逻辑电平还有 2.5 V 和 1.8 V 两种。

（2）TTL 和 CMOS 逻辑电平的关系

图 1-5-1 为 5 V TTL 逻辑电平、5 V CMOS 逻辑电平、LVTTL 逻辑电平和 LVCMOS 逻辑电平的示意图。

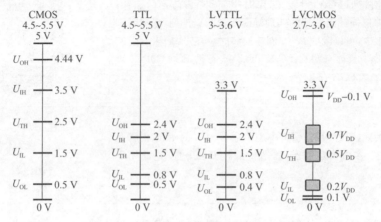

**图 1-5-1　TTL 和 CMOS 逻辑电平示意图**

5 V TTL 逻辑电平和 5 V CMOS 逻辑电平都是很通用的逻辑电平，它们的输入/输出电平差别较大，在互连时要特别注意。

另外，5 V CMOS 器件的逻辑电平参数与供电电压有一定关系，一般情况下，$U_{OH} \geqslant V_{DD}$ $-0.2$ V，$U_{IH} \geqslant 0.7V_{DD}$；$U_{OL} \leqslant 0.1$ V，$U_{IL} \leqslant 0.3V_{DD}$；噪声容限较 TTL 电平高。

JEDEC 组织在定义 3.3 V 的逻辑电平标准时，定义了 LVTTL 和 LVCMOS 逻辑电平标准。LVTTL 逻辑电平标准的输入/输出电平与 5 V TTL 逻辑电平标准的输入/输出电平很接近，从而给它们之间的互连带来了方便。LVTTL 逻辑电平定义的工作电压范围是 3.0～3.6 V。

LVCMOS 逻辑电平标准是从 5 V CMOS 逻辑电平标准移植过来的，所以它的 $U_{IH}$、$U_{IL}$ 和 $U_{OH}$、$U_{OL}$ 与工作电压有关，其值如图 1-5-1 所示。LVCMOS 逻辑电平定义的工作电压范围是 2.7～3.6 V。

5 V 的 CMOS 逻辑器件工作于 3.3 V 时，其输入/输出逻辑电平即为 LVCMOS 逻辑电平，它的 $U_{IH}$ 大约为 $0.7 \times V_{DD} = 2.31$ V，由于此值与 LVTTL 逻辑电平的 $U_{OH}$（2.4 V）之间的电压差太小，使得逻辑器件工作的不稳定性增加，所以一般不推荐 5 V CMOS 器件工作于 3.3 V 电压的工作方式。由于相同的原因，使用 LVCMOS 输入电平参数的 3.3 V 逻辑器件也很少。

JEDEC 组织为了加强在 3.3 V 上各种逻辑器件的互连以及 3.3 V 与 5 V 逻辑器件的互连，在参考 LVCMOS 和 LVTTL 逻辑电平标准的基础上，又定义了一种标准，即 3.3 V 逻辑电平标准，其参数如图 1-5-2 所示。

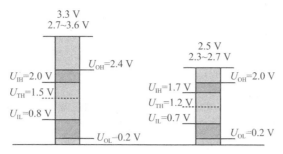

**图1-5-2 低电压逻辑电平标准**

从图1-5-2可以看出，3.3 V逻辑电平标准的参数其实和LVTTL逻辑电平标准的参数差别不大，只是它定义的$U_{OL}$可以很低(0.2 V)。另外，它还定义了其$U_{OH}$最高可以到$V_{CC}$—0.2 V，所以3.3 V逻辑电平标准可以包容LVCMOS的输出电平。在实际使用当中，对LVTTL逻辑电平标准和3.3 V逻辑电平标准并不太做区分，一般来说可以用LVTTL逻辑电平标准来替代3.3 V逻辑电平标准。

JEDEC组织还定义了2.5 V逻辑电平标准，如图1-5-2所示。另外，还有一种2.5 V CMOS逻辑电平标准，它与图1-5-2所示的2.5 V逻辑电平标准差别不大，可兼容。

低电压的逻辑电平还有1.8 V、1.5 V、1.2 V等。

### 1.5.2 集成运算放大器

**1. 集成运算放大器简介**

集成运算放大器简称集成运放，实质上是一种集成化的直接耦合式高放大倍数的多级放大器。它是模拟集成电路中发展最快、通用性最强的一类集成电路，广泛用于模拟电子电路各个领域。目前除了高频和大功率电路，凡是由晶体管组成的线性电路和部分非线性电路都能由以集成运放为基础的电路组成。

**图-5-3 集成运放的传统电路图形符号**     **图1-5-4 集成运放电路组成框图**

图1-5-3为集成运放的传统电路图形符号，它有两个输入端，一个输出端，"—"端为反向输入端，表示输出信号$U_o$与输入信号$U_-$的相位相反；"+"端为同相输入端，表示输出信号$U_o$与输入信号$U_+$的相位相同。集成运放通常还包含电源端、外接调零端、相位补偿端、公共接地端等。集成运放的外形有圆壳式、双列直插式、扁平式、贴片式4种。

各种集成运放内部电路主要由四部分组成，如图1-5-4所示。当在集成运放的输入端与输出端之间接入不同的负反馈网络时，可以完成模拟信号的运算、处理、波形产生等不同功能。

2. 集成运算放大器的常用参数

集成运放的参数是衡量其性能优劣的标志,同时也是电路设计者选用集成运放的依据。集成运放的常用参数如表1-5-2所示。

表1-5-2　集成运放的常用参数及其意义

| 参数名称 | 符号 | 意　义 |
|---|---|---|
| 输入失调电压 | $U_{io}$ | 输出直流电压为0时,两输入端之间所加补偿电压 |
| 输入失调电流 | $I_{io}$ | 当输出直流电压为0时,两输入端偏置电流的差值 |
| 输入偏置电流 | $I_{ib}$ | 输出直流电压为0时,两输入端偏置电流的平均值 |
| 开环电压增益 | $A_{VD}$ | 集成运放工作于线性区时,其输出电压变化 $\Delta U_o$ 与差模输入电压变化 $\Delta U_i$ 的比值 |
| 共模抑制比 | $K_{CMR}$ | 集成运放工作于线性区时,其差模电压增益与共模电压增益的比值 |
| 电源电压抑制比 | $K_{SVR}$ | 集成运放工作于线性区时,输入失调电压随电压改变的变化率 |
| 共模输入电压范围 | $U_{ICR}$ | 共模输入电压增大到使集成运放的共模抑制比下降到正常情况的一半时所对应的共模电压值 |
| 最大差模输入电压 | $U_{IDM}$ | 集成运放两个输入端所允许加的最大电压差 |
| 最大共模输入电压 | $U_{ICM}$ | 集成运放的共模抑制特性显著变化时的共模输入电压 |
| 输出阻抗 | $Z_o$ | 集成运放工作于线性区时,在其输出端加信号电压,信号电压的变化量与对应的电流变化量之比 |
| 静态功耗 | $P_D$ | 在集成运放的输入端无信号输入、输出端不接负载的情况下所消耗的直流功率 |

几种常用集成运放的电参数如表1-5-3所示,其引脚图如图1-5-5所示。

表1-5-3　几种常用集成运放的电参数

| 参数名称 | 单位 | 参　数　值 | | | |
|---|---|---|---|---|---|
| | | μA741 | LM324N | LM358N | LM353N |
| 电源电压 | V | ±22 | 3～30 | 3～30 | 3～30 |
| 电源消耗电流 | mA | 2.8 | 3 | 2 | 6.5 |
| 温度漂移 | μV/℃ | 10 | 7 | 7 | 10 |
| 失调电压 | mV | 5 | 7 | 7.5 | 13 |

（续表）

| 参数名称 | 单位 | 参 数 值 | | | |
|---|---|---|---|---|---|
| | | μA741 | LM324N | LM358N | LM353N |
| 失调电流 | nA | 200 | 50 | 150 | 4 |
| 偏置电流 | nA | 500 | 250 | 500 | 8 |
| 输出电压 | V | ±10 | 26 | 26 | 24 |
| 单位增益带宽 | MHz | 1 | 1 | 1 | 4 |
| 开环增益 | dB | 86 | 88 | 88 | 88 |
| 转换速率 | V/μs | 0.5 | 0.3 | 0.3 | 13 |
| 共模电压范围 | V | ±24 | 32 | 32 | 22 |
| 共模抑制比 | dB | 70 | 65 | 70 | 70 |

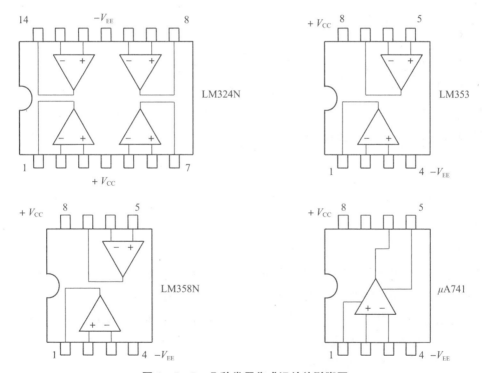

**图 1-5-5 几种常用集成运放外引脚图**

集成运放常用引出端符号及其功能如表 1-5-4 所示。

表 1－5－4　集成运放常用引出端符号及其功能

| 符　号 | 功　能 | 符　号 | 功　能 |
|---|---|---|---|
| AZ | 自动调零 | IN− | 反向输入 |
| BI | 偏置 | NC | 空端 |
| BOOSTER | 负载能力扩展 | OA | 调零 |
| BW | 带宽控制 | OUT | 输出 |
| COMP | 相位补偿 | OSC | 振荡信号 |
| $C_X$ | 外接电容 | S | 选编 |
| DR | 比例分频 | $V_{CC}$ | 正电源 |
| GND | 接地 | $V_{EE}$ | 负电源 |
| IN+ | 同相输入 | | |

**3. 集成运算放大器的选用与使用注意事项**

选用集成运放的依据是电子电路对集成运放的技术性能要求,使用者掌握集成运放的参数分类、参数含义以及规范值,是正确选用集成运放的基础。集成运放的选用原则是:在满足电气性能要求的前提下,尽量选用价格低的集成运放。

使用时不应超过集成运放的极限参数,还要注意调零,必要时要采用输入、输出保护电路和消除自激振荡等措施,同时尽可能提高输入阻抗。

集成运放电源电压的典型使用值是±15 V,双电源要求对称,否则会使失调电压加大,共模抑制比变差,从而影响电路性能。当采用单电源供电时,应参阅生产厂商的芯片手册。

## 1.5.3　集成稳压器

随着集成电路的发展,稳压电路也制成了集成稳压器件。由于集成稳压器具有体积小、外接线路简单、使用方便、工作可靠和通用性强等优点,因此在各种电子设备中的应用十分普遍,基本取代了由分立元件构成的稳压电路。

集成稳压器件的种类很多,应根据设备对直流电源的要求来进行选择。对于大多数电子仪器、设备和电子电路来说,通常是选用串联线性集成稳压器,而在这种类型的器件中,又以三端式稳压器的应用最为广泛。目前常用的三端集成稳压器是一种固定或可调输出电压的稳压器件,并有过流和过热保护。

**1. 集成稳压器的基本工作原理**

集成稳压器由取样元件、电压基准、比较放大器和调整元件等几部分组成。其工作过程为:取样元件把输出电压变化全部或部分取出来,送到比较放大器与电压基准相比较,并把比较误差电压放大,用来控制调整元件,使之产生相反的变化来抵消输出电压的变化,从而达到稳定输出电压的目的。

串联调整式稳压器的基本电路框图如图 1－5－6 所示。

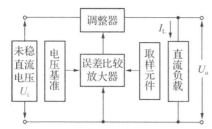

图 1-5-6 串联调整式稳压器基本电路框图

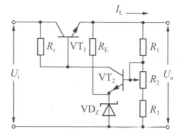

图 1-5-7 最简串联调整稳压电路

当输入电压 $U_i$ 或者负载电流 $I_L$ 的变化引起输出电压 $U_o$ 变化时,通过取样、误差比较放大,使调整器的等效电阻 $R_S$ 做相应的变化,从而维持 $U_o$ 稳定。

图 1-5-7 为最简单的分立元件组成的串联调整稳压电路图,显然,它的框图就是图 1-5-6 的形式。

对集成串联调整式稳压器来说,除了基本的稳压电路之外,还必须有多种保护电路,通常应当有过流保护电路、调整管安全区保护电路和芯片过热保护电路。其中,过流保护电路在输出短路时起限流保护作用;调整管安全区保护电路则使调整管的工作点限定在安全工作区的曲线范围内;芯片过热保护电路使芯片温度限制在最高允许温度之下。

2. 集成稳压器的使用常识

(1) 集成稳压器的选用

选用集成稳压器的依据是使用中的指标要求,例如:输出电压、输出电流、电压调整率、电流调整率、纹波抑制比、输出阻抗及功耗等参数。

集成三端稳压器主要有:固定式正电压集成稳压器 78 系列、固定式负电压集成稳压器 79 系列、可调式正电压集成稳压器 117/217/317 系列以及可调式负电压集成稳压器 137/237/337 系列。

表 1-5-5 为 78×× 系列集成稳压器的部分电参数。

表 1-5-5 78×× 系列集成稳压器部分电参数

| 参数 | CW7805C | | | CW7812C | | | CW7815C | | |
|---|---|---|---|---|---|---|---|---|---|
| | 最小 | 典型 | 最大 | 最小 | 典型 | 最大 | 最小 | 典型 | 最大 |
| 输入电压 $U_i$/V | | 10 | | | 19 | | | 23 | |
| 输出电压 $U_o$/V | 4.75 | 5.0 | 5.25 | 11.4 | 12.0 | 12.5 | 14.4 | 15.0 | 15.6 |
| 电压调整率 $S_u$/mV | | 3.0 | 100 | | 18 | 240 | | 11 | 300 |
| 电流调整率 $S_i$/mV | | 15 | 100 | | 12 | 240 | | 12 | 300 |
| 静态工作电流 $I_D$/mA | | 4.2 | 8.0 | | 4.3 | 8.0 | | 4.4 | 8.0 |
| 纹波抑制比 $S_{nip}$/dB | 62 | 78 | | 55 | 71 | | 54 | 70 | |
| 最小输入输出压差 $U_i-U_o$/V | | 2.0 | 2.5 | | 2.0 | 2.5 | | 2.0 | 2.5 |
| 最大输出电流 $I_{omax}$/A | | 2.2 | | | 2.2 | | | 2.2 | |

CW79××系列集成稳压器的电参数与表 1－5－5 基本相同,只是输入、输出电压为负值。

(2) 集成稳压器的封装形式

由于模拟集成电路产品目前还没有统一命名,没有标准化,因而各个集成电路生产厂家的集成稳压器的电路代号也各不相同。固定稳压块和可调稳压块的产品型号和外形结构很多,功能引脚的定义也不同,使用时需要查阅相应厂家的器件手册。固定式和可调式集成三端稳压器常见的封装形式有:TO－3、TO－202、TO－220、TO－39 和 TO－92 几种。

图 1－5－8 为 78 系列和 79 系列固定稳压器的封装形式及引脚功能图。

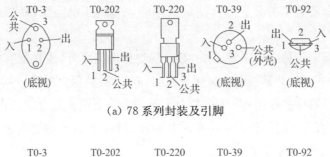

(a) 78 系列封装及引脚

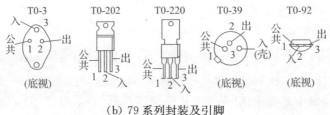

(b) 79 系列封装及引脚

**图 1－5－8　78 系列和 79 系列固定式集成稳压器的封装形式及引脚功能**

3. 集成稳压器的保护电路

在大多数线性集成稳压器中,一般在芯片内部都设置了输出短路保护、调整管安全工作区保护及芯片过热保护等功能,因而在使用时不需再设这类保护。但是,在某些应用中,为确保集成稳压器可靠工作,仍要设置一些特定的保护电路。

(1) 调整管的反偏保护

如图 1－5－9(a)所示,当集成稳压器输出端接入了容量较大的电容 $C$ 或者负载为容性时,若集成稳压器的输入端对地发生短路,或者当输入直流电压比输出电压跌落得更快时,由于电容 $C$ 上的电压没有立即泄放,此时集成稳压器内部调整管的 B-E 结处于反向偏置,如果这一反偏电压超过 7 V,调整管 B-E 结将被击穿损坏。电路中接入的二极管 D 就是为保护调整管 B-E 结不致因反偏被击穿而设置的。因为接入二极管 D 后,电容 $C$ 上的电荷可以通过二极管 D 及短路的输入端放电。

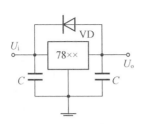
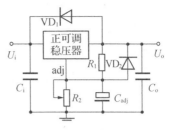

（a）调整管的反偏保护　　　　　　（b）放大管的反偏保护

**图 1－5－9　集成稳压器的保护电路**

（2）放大管的反偏保护

如图 1－5－9(b)所示,电容 $C_{adj}$ 是为了改善输出纹波抑制比而设置的,容量在 10 μF 以上,$C_{adj}$ 的上端接 adj 端,此端接到集成稳压器内部一放大管的发射极,该放大管的基极接 $U_o$ 端。如果不接入二极管 $D_2$,则在集成稳压器的输出端对地发生短路时,由于 $C_{adj}$ 不能立即放电而使集成稳压器内部放大管的 B-E 结处于反偏,也会引起击穿。设置二极管 $D_2$ 后,可以使集成稳压器内部放大管的 B-E 结得到保护。

### 1.5.4　集成功率放大器

1. **集成功率放大器概述**

在实用电路中,通常要求放大电路的输出级能够输出一定的功率以驱动负载。能够向负载提供足够信号功率的电路称为功率放大电路,简称功放。集成功率放大器简称集成功放,广泛应用于电子设备、音响设备、通信和自动控制系统中。例如,扬声器前面必须有功放电路,一些测控系统中的控制电路部分也必须有功放电路。

集成功放的应用电路由集成功放块和一些外部阻容元件构成。

与分立元件功放相比,集成功放的优点包括:体积小、重量轻、成本低、外接元件少、调试简单、使用方便;性能优越,如温度稳定性好、功耗低、电源利用率高、失真小;可靠性高,有的集成功放采用了过流、过压、过热保护以及防交流声、软启动等技术。

集成功放的主要缺点是:输出功率受限制,过载能力较分立元件功放差,原因是集成功放增益较大,易产生自激振荡,其后果轻则使功放管损耗增加,重则会烧毁功放管。

2. **集成功率放大器的类型**

集成功放普遍采用 OTL 或 OCL 电路形式。集成功放的种类较多,有单片集成功放组件,也有集成功率驱动器外接大功率管组成的混合功率放大电路,输出功率为几十毫瓦至几百瓦。

根据内部构成和工作原理的不同,集成功放有三种常见类型:OTL(无输出变压器)功率放大电路、OCL(无输出电容)功率放大电路、BTL 功率放大电路(即桥式推挽功率放大电路),各类功率放大电路均有不同输出功率和不同电压增益。在使用 OTL 功率较大电路时,应特别注意与负载电路之间要接一个大电容。

3. 集成功率放大器的主要参数

(1) 最大输出功率 $P_{om}$

它是功放电路在输入信号为正弦波并且输出波形不失真的状态下,负载电路可获得的最大交流功率,数值上等于在电路最大不失真状态下的输出电压有效值与输出电流有效值的乘积,即:

$$P_{om} = u_o \times i_o$$

(2) 转换效率 $\eta$

它是电路最大输出功率与直流电源提供的直流功率之比,即:

$$\eta = \frac{P_{om}}{P_E}$$

式中,$P_E$ 为功放电路电源提供的直流功率,$P_E = I_{CC} \times U_{CC}$。

## 1.5.5 集成器件的检测

要对集成电路做出正确判断,首先要掌握该集成电路的用途、内部结构原理、主要电特性等,必要时还要分析内部电路原理图。此外,如果具有各引脚对地直流电压、波形、对地正反向直流电阻值,则为做出正确判断提供了有利条件。如果存在故障,可按故障现象判断其部位,再按部位查找故障元件。有时需要采取多种判断方法去证明该器件是否确实损坏。一般对集成电路的检查判断方法有以下两种:

1. 离线判断

离线判断即不在线判断,是指集成电路未焊入印制电路板时的判断。采用这种方法,在没有专用仪器设备的情况下,要确定集成电路的质量好坏是很困难的。一般情况下可用直流电阻法测量各引脚对应于接地脚间的正反向电阻值,并和完好集成电路进行比较;也可以采用替换法把可疑的集成电路插到正常设备中同型号集成电路的位置来确定其好坏。如有条件,可利用集成电路测试仪对主要参数进行定量检验,这样集成电路的使用就更有保证。

2. 在线判断

在线判断是指集成电路连接在印制电路板上时的判断。在线判断是检修电视、音响设备中的集成电路最实用的方法。具体方法如下:

(1) 电压测量法

该方法首先测出各引脚对地的直流工作电压值,然后与标称值相比较,以此来判断集成电路的好坏。用电压测量法来判断集成电路的好坏是检修中最常采用的方法之一,但要注意区分非故障性的电压误差。测量集成电路各引脚的直流工作电压时,如遇到个别引脚的电压与原理图或维修技术资料中所标电压值不符,不要急于断定集成电路已损坏,应该先排除以下几个因素后再确定:

①所提供的标称电压是否可靠。因为有一些说明书、电路原理图等资料上所标的数值与实际电压有较大差别,有时甚至是错误的。此时,应多找一些相关资料进行对照,必要时

可先分析内部电路原理图与外围电路,再进行理论上的计算或估算来证明电压是否有误。

②要区分所提供的标称电压的性质,明确其电压是属于哪种工作状态的电压。因为集成电路的个别引脚随着注入信号的不同而明显变化,所以此时可改变波段开关的位置,再观察电压是否正常。如后者正常,则说明标称电压属于某种工作电压,而此工作电压又是在某一特定的条件下而言,即测试的工作状态不同,所测电压也不同。

③要注意由外围电路可变元件引起的引脚电压变化。测量出的电压与标称电压不符可能是因为个别引脚或与该引脚相关的外围电路连接的是一个阻值可变的电位器或者是开关。这些电位器和开关所处的位置不同,引脚电压会有明显不同,所以当出现某一引脚电压不符时,要考虑引脚或与该引脚相关联的电位器和开关的位置变化,可旋动或拨动开关来看看引脚电压能否在标称值附近。

④要防止由于测量造成的误差。万用表表头内阻不同或不同直流电压挡会造成误差。一般电路原理图上所标的直流电压都以测试仪表的内阻大于 20 kΩ/V 进行测试的。当用内阻小于 20 kΩ/V 的万用表进行测试时,将会使被测结果低于原来所标的电压。另外,还应注意不同电压挡上所测的电压会有差别,尤其用大量程挡测量,读数偏差影响更显著。

⑤当测得某一引脚电压与正常值不符时,应根据该引脚电压对集成电路正常工作有无重要影响以及其他引脚电压的相应变化进行分析,才能判断集成电路的好坏。

⑥若集成电路各引脚电压正常,则一般认为集成电路正常;若集成电路部分引脚电压异常,则应从偏离正常值最大处入手,检查外围元件有无故障,若无故障,则集成电路很可能损坏。

⑦对于动态接收装置,如电视机,在有无信号时,集成电路各引脚电压是不同的。如发现引脚电压不该变化的反而变化大,应该随信号大小和可调元件不同位置而变化的反而不变化,就可确定集成电路损坏。

⑧对于具有多种工作方式的装置,在不同工作方式下,集成电路各引脚电压是不同的。

以上就是在集成电路没有故障的情况下,使所测结果与标称值不同的部分原因。所以总的来说,在进行集成电路直流电压或直流电阻测试时要规定一个测试条件,尤其是在作为实测经验数据记录时更要注意这一点。

(2) 在线直流电阻普测法

这一方法是在发现引脚电压异常后,通过测试集成电路的外围元器件的好坏来判定集成电路是否损坏。由于在断电情况下测定阻值,所以比较安全,并可以在没有资料和数据而且不必要了解其工作原理的情况下,对集成电路的外围电路进行在线检查,在相关的外围电路中以快速的方法对外围元器件进行一次测量,以确定是否存在较明显的故障。具体操作是:首先,选用万用表分别测量二极管和三极管的 PN 结导通电压,可以初步判断 PN 结的好坏,进而可初步判断二极管或三极管的好坏;其次,可对电感是否开路进行普测,正常时电感两端阻值较大,那么即可断定电感开路。继而,可根据外围电路元器件参数的不同,采用不同的欧姆挡位测量电容和电阻,检查是否有较为明显的短路和开路性故障,从而排除由于外围电路引起个别引脚的电压变化。

（3）电流流向跟踪电压测量法

此方法是根据集成电路内部电路原理图和外围元件所构成电路的原理图，并参考供电电压即主要测试点的已知电压进行各点电位的计算或估算，然后对照所测电压是否符合来判断集成电路的好坏，本方法必须具备完整的集成电路内部电路原理图和外围电路原理图。

## 1.6　单片机

电工电子技术正在向自动化、智能化发展，典型的应用有智能家电、智能家居和智能机器人等。智能器件的核心是单片机、FPGA 等智能部件。

### 1.6.1　单片机概述

单片机是一种广泛应用的微处理器。单片机种类繁多、价格低、功能强大，同时扩展性也强，包含了计算机的三大组成部分：CPU、存储器和 I/O 接口。由于它是在一个芯片上形成的芯片级微型计算机，故称为单片微型计算机（Single Chip Microcomputer），简称单片机，如图 1 - 6 - 1 所示。

图 1 - 6 - 1　常见的单片机

单片机系统结构均采用冯·诺依曼提出的"存储程序"思想，即程序和数据都被存放在内存中的工作方式，用二进制代替十进制进行运算和存储程序。

1. 单片机的组成

单片机将中央处理器、运算器和控制器等集成在一个芯片上，主要由以下几个部分组成：运算器，用于实现算术运算或逻辑运算，包括算术逻辑单元（ALU）、累加器（A）、暂存寄存器（TR）、标志寄存器（F 或 PSW）、通用寄存器（GR）；控制器，是单片机的中枢部件，用于控制单片机中的各个部件工作，包括指令寄存器（IR）、指令译码器（ID）、程序计数器（PC）、定时与控制电路；存储器，用于记忆，由存储单元组成，包括 ROM、RAM；总线（BUS），是在单片机各个芯片之间或芯片内部传输信息的一组公共通信线，包括数据总线 DB（双向，宽度决定了单片机的位数）、地址总线 AB（单向，决定 CPU 的寻址范围）、控制总线 CB（单向);I/O接口,用于数据输入/输出,包括输入接口、输出接口。单片机的组成如图1-6-2所示。

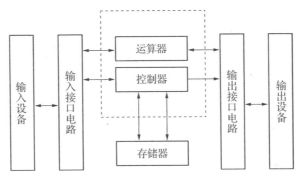

图1-6-2　单片机的组成

单片机能够一次处理的数据的宽度有:1位、4位、8位、16位、32位。典型的8位单片机是MCS-51系列,16位单片机是AVR系列,32位单片机是ARM系列。

2. 单片机主要技术指标

(1) 字长:CPU能并行处理二进制的数据位数,常见的有8位、16位、32位和64位。

(2) 内存容量:存储单元能容纳的二进制数的位数,容量的类型通常有1 KB、8 KB、64 KB、1 MB、16 MB、64 MB。

(3) 运算速度:CPU处理速度,也称主频,常规有6 MHz、12 MHz、24 MHz、100 MHz、300 MHz。

(4) 内存存取时间:内存读写速度,有50 ns、70 ns、200 ns。

3. 单片机开发环境

单片机在使用的时候,除了硬件开发平台外,还需要一个友好的软件编程环境。在单片机程序开发中,Keil系列软件是最为经典的单片机软件集成开发环境,使用比较普遍的编程语言是C语言。MCS-51系列单片机和STM32系列单片机均使用Keil集成开发环境。

基于单片机编程实际上就是基于硬件的编程,在使用过程中,一定要注意单片机的性质以及相关的外设电路与单片机接口的连接关系,始终做到软件要配合硬件,软硬件结合使用,在编程前先对外设使用的输入/输出接口或者其他功能进行电气定义或初始化操作。

## 1.6.2　认识MCS-51系列单片机

MCS-51系列是经典的8位单片机,采用40引脚双列直插封装(DIP)方式。对于不同MCS-51系列单片机来说,不同型号、不同封装的单片机具有不同的引脚结构,但是MCS-51单片机系统只有一个时钟系统。因受到引脚数目的限制,有不少引脚具有第二功能。MCS-51单片机的引脚排列如图1-6-3所示。

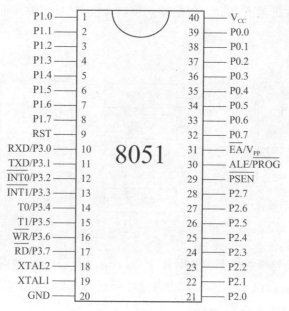

图 1-6-3　单片机的引脚排列

1. 单片机的引脚

MCS-51 单片机共有 40 个引脚,可分为端口引脚、电源引脚和控制引脚三类。

(1) 端口引脚(4×8=32 个)

①P0.0~P0.7:共 8 个引脚,为 P0 口专用。P0.0 为最低位,P0.7 为最高位。第一功能(不带片外存储器):作通用 I/O 口使用,传送输入/输出数据。第二功能(带片外存储器):访问片外存储器时,先传送低 8 位地址,然后传送 CPU 对片外存储器的读/写数据。

②P1.0~P1.7:共 8 个引脚,与 P0 口引脚类似。P1.0 为最低位,P1.7 为最高位。第一功能:与 P0 口的第一功能相同,也用于传送输入/输出数据。第二功能:对于 52 子系列而言,第二功能为定时器 2 的输入引脚。

③P2.0~P2.7:带内部上拉的双向 I/O 口。第一功能:与 P0 口的第一功能相同,作通用 I/O 口使用。第二功能:与 P0 口的第二功能相配合,用于输出片外存储器的高 8 位地址,共同选中片外存储器单元。

④P3.0~P3.7:带内部上拉的双向 I/O 口。第一功能:与 P0 口的第一功能相同,作通用 I/O 口使用。第二功能:为控制功能,每个引脚并不完全相同。

(2) 电源引脚(2 个)

$V_{CC}$ 为正电源引脚,接+5 V 电源;GND 为接地引脚。

(3) 控制引脚(6 个)

①$\overline{ALE}$/PROG与 P0 口引脚的第二功能配合使用。P0 口作为地址/数据复用口,用 ALE 来判别 P0 口的信息。

②$\overline{EA}$/$V_{PP}$引脚接高电平时,先访问片内 EPROM/ROM,执行内部程序存储器中的指

令。但在程序计数器计数超过 0FFFH 时(即地址大于 4 kB 时),执行片外程序存储器内的程序。$\overline{EA}/V_{PP}$引脚接低电平时,只访问外部程序存储器,而不管片内是否有程序存储器。

③RST 引脚是复位信号/备用电源线引脚。RST 引脚是复位信号输入端,高电平有效。时钟电路工作后,在此引脚上连续出现两个机器周期的高电平(24 个时钟振荡周期),就可以完成复位操作。

④XTAL1 和 XTAL2 引脚是片内振荡电路输入和输出端。这两个引脚用来外接石英晶体和微调电容,即用来连接 8051 单片机片内的定时反馈回路。

⑤$\overline{PSEN}$是外部程序存储器的读/输出使能(Program Store Enable)信号输出端,可以作为外部程序存储器的控制信号。

2. 单片机最小应用系统

单片机最小应用系统是单片机正常工作的最小硬件要求,包括电源电路、时钟电路、复位电路,如图 1-6-4 所示,其中电源模块包含 $V_{cc}$ 和 GND,$V_{cc}$接电源正端,GND 接电源负端。

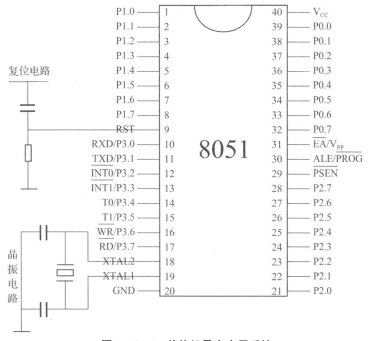

**图 1-6-4 单片机最小应用系统**

判断单片机芯片及时钟系统是否正常工作有一个简单的办法,就是用万用表测量单片机晶振引脚(18 脚、19 脚)的对地电压。以正常工作的单片机用数字万用表测量为例:18 脚的对地电压约为 2.24 V,19 脚的对地电压约为 2.09 V。对于怀疑是复位电路故障而不能正常工作的单片机也可以采用模拟复位的方法来判断,单片机正常工作时第 9 脚的对地电压为零,可以用导线短时间和+5 V 电源连接一下,模拟一下上电复位,如果单片机能正常工作了,说明这个复位电路有问题。

### 3. 单片机的内部结构

单片机由 5 个基本部分组成,包括中央处理器(CPU)、存储器、输入/输出口、定时/计数器、中断系统,如图 1-6-5 所示。

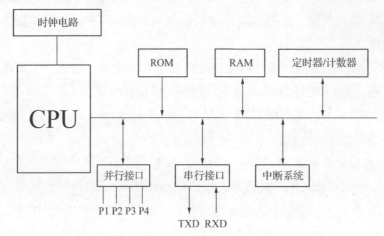

图 1-6-5  单片机的内部结构

(1)单片机的 CPU

MCS-51 系列单片机内部有一个 8 位的 CPU,包含运算器、控制器及若干寄存器等部件。

(2)单片机的存储器

存储器是用来存放程序和数据的部件,MCS-51 系列单片机芯片内部存储器包括程序存储器和数据存储器两大类。程序存储器(ROM)一般用来存放固定程序和数据,特点是程序写入后能长期保存,不会因断电而丢失。MCS-51 系列单片机内部有 4 KB 的程序存储空间,可以外部扩展到 64 KB。数据存储器(RAM)主要用于存放各种数据,其优点是可以随机读入或读出,读写速度快,读写方便;缺点是电源断电后存储的信息会丢失。

(3)单片机的 I/O 口

①P0 口

P0 口的口线逻辑电路如图 1-6-6 所示。

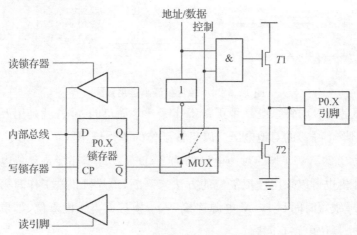

图 1-6-6  P0 口的口线逻辑电路图

②P1 口

P1 口的口线逻辑电路如图 1-6-7 所示。

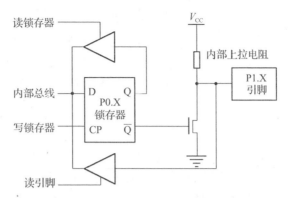

**图 1-6-7　P1 口的口线逻辑电路图**

③P2 口

P2 口的口线逻辑电路如图 1-6-8 所示。

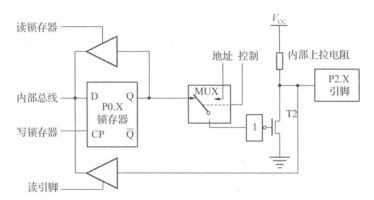

**图 1-6-8　P2 口的口线逻辑电路图**

④P3 口

P3 口的口线逻辑电路如图 1-6-9 所示。

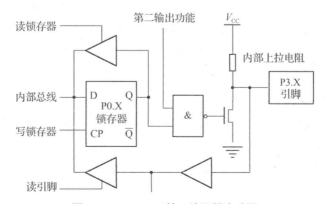

**图 1-6-9　P3 口的口线逻辑电路图**

4. 单片机的时钟和时序

（1）时钟电路

单片机时钟电路通常有两种形式：内部振荡方式和外部振荡方式。MCS－51 系列单片机片内有一个用于构成振荡器的高增益反相放大器，引脚 XTAL1 和 XTAL2 分别是此放大器的输入端和输出端。把放大器与晶体振荡器连接，就构成了内部自激振荡器并产生振荡时钟脉冲。外部振荡方式就是把外部已有的时钟信号直接连接到 XTAL1 端并引入单片机内，XTAL2 端悬空不用。

（2）时序

振荡周期指为单片机提供时钟信号的振荡源的周期。时钟周期指振荡源信号经二分频后形成的时钟脉冲信号的周期。因此时钟周期是振荡周期的两倍，即一个 S 周期被分成两个节拍——P1、P2。指令周期指 CPU 执行一条指令所需要的时间（用机器周期表示）。各时序之间的关系如图 1－6－10 所示。

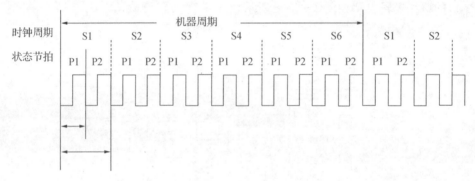

图 1－6－10　各时序之间的关系

### 1.6.3　认识 STM32 系列单片机

STM32 系列单片机是典型的 32 位单片机，其在 MCS－51 系列单片机的基础上增加了很多附加功能。它的组成、引脚、基本功能等与其他单片机类似，但是它的系统架构和时钟源比 MCS－51 系列单片机强大很多，用法也相对复杂很多，具体用法将在后文介绍。下面仅从系统架构和时钟源这两个区别于其他单片机的地方讲解 STM32 单片机。

1. 系统架构

STM32 系统架构的相关知识在《STM32 中文参考手册》中有讲解，有需要可以查看。这里所讲的 STM32 系统架构主要针对 STM32F103 芯片。首先看看 STM32 的系统架构，如图 1－6－11 所示。

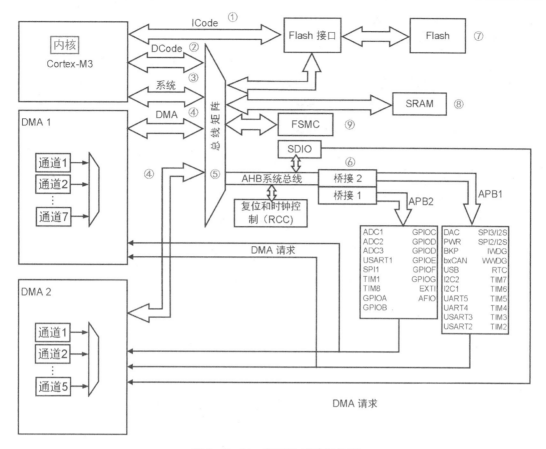

**图 1-6-11 STM32 系统架构图**

STM32 主系统主要由四个驱动单元和四个被动单元构成。四个驱动单元分别是内核 DCode 总线、系统总线、通用 DMA1、通用 DMA2；四个被动单元分别是 AHB 到 APB 的桥连接的所有 APB 设备、内部 Flash、内部 SRAM、FSMC。

下面具体讲解一下图中的几个总线。

①ICode 总线：该总线将 M3 内核的指令总线和闪存指令接口相连，指令的预取在该总线上完成。

②DCode 总线：该总线将 M3 内核的 DCode 总线与闪存存储器的数据接口相连接，常量加载和调试访问在该总线上完成。

③系统总线：该总线连接 M3 内核的系统总线到总线矩阵，总线矩阵协调内核和 DMA 间的访问。

④DMA 总线：该总线将 DMA 的 AHB 主控接口与总线矩阵相连，总线矩阵协调 CPU 的 DCode 和 DMA 到 SRAM、闪存和外设的访问。

⑤总线矩阵：总线矩阵协调内核系统总线和 DMA 主控总线之间的访问仲裁，仲裁利用轮换算法。

⑥AHB/APB 桥：这两个桥在 AHB 和 2 个 APB 总线间提供同步连接，APB1 操作速度

限于 36MHz, APB2 操作全速。

### 2. STM32 时钟系统

众所周知,时钟系统是 CPU 的脉搏,就像人的心跳一样,所以时钟系统的重要性就不言而喻了。STM32 的时钟系统比较复杂,不像简单的 MCS-51 单片机那样,一个系统时钟就可以解决一切。也许有人会问:采用一个系统时钟不是更简单吗? 为什么 STM32 要有很多个时钟源呢? 那是因为 STM32 本身非常复杂,外设非常多,但是并不是所有外设都需要有系统时钟那么高的频率,比如看门狗等,通常只需要几十千赫兹的时钟即可。同一个电路,时钟越快功耗越大,同时抗电磁干扰的能力也会越弱,所以对于复杂的 MCU,通常都是采取多个时钟源的方法来解决类似的问题。

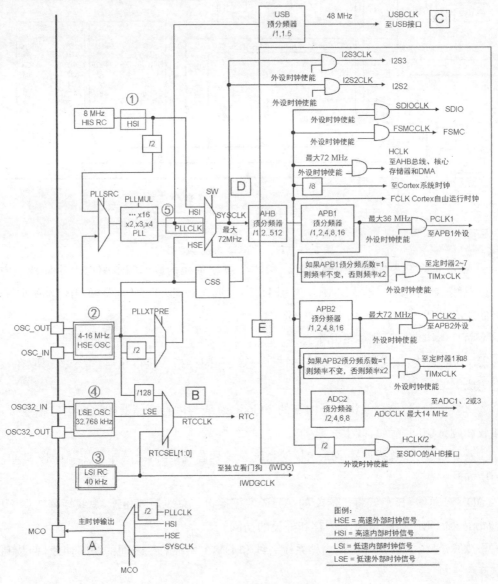

**图 1-6-12 STM32 时钟树**

在 STM32 中有 5 个时钟源,分别为 HSI、LSI、HSE、LSE、PLL,时钟树如图 1 - 6 - 12 所示。时钟源按时钟频率来分可以分为高速时钟源和低速时钟源,在这 5 个时钟源中,HSI、HSE 和 PLL 是高速时钟源,LSI 和 LSE 是低速时钟源。时钟源按来源可分为外部时钟源和内部时钟源,外部时钟源就是从外部通过接晶振方式获取的时钟源,其中 HSE 和 LSE 是外部时钟源,其他的是内部时钟源。下面具体看看 STM32 的 5 个时钟源。

(1) HSI 是高速内部时钟,RC 振荡器,频率为 8 MHz。

(2) HSE 是高速外部时钟,可接石英/陶瓷谐振器,或者接外部时钟源,频率范围为 4～16 MHz。开发板接的是 8 MHz 的晶振。

(3) LSI 是低速内部时钟,RC 振荡器,频率为 40 kHz。独立看门狗的时钟源只能是 LSI,同时 LSI 还可以作为 RTC 的时钟源。

(4) LSE 是低速外部时钟,接频率为 32.768 kHz 的石英晶体,主要作为 RTC 的时钟源。

(5) PLL 为锁相环倍频输出,其时钟输入源可选择 HSI/2、HSE 或者 HSE/2,倍频可选择 2～16 倍,但是其输出频率最大不得超过 72 MHz。

3. STM32F103 命名说明

对于 STM32F103xxyy 系列,第一个 x 代表引脚数(T 代表 36 引脚,C 代表 48 引脚,R 代表 64 引脚,V 代表 100 引脚,Z 代表 144 引脚);第二个 x 代表内嵌的 Flash 容量(6 代表 32 kB,8 代表 64 kB,B 代表 128 kB,C 代表 256 kB,D 代表 384 kB,E 代表 512 kB);第一个 y 代表封装(T 代表 LQFP 封装,U 代表 QFN 封装);第二个 y 代表工作温度范围(6 代表 −40 ℃～85 ℃,7 代表 −40 ℃～105 ℃)。

STM32F103 系列微控制器随着名称后缀的不同,引脚数量也不同,有 36、48、64、100、144 引脚。STM32F103Vx 系列共有 100 个引脚,其中 80 个是 I/O 引脚;而 STM32F103Rx 系列有 64 个引脚,其中 51 个是 I/O 引脚。这些 I/O 引脚中的一部分可以复用,将它配置成输入、输出、模数转换口或者串口等。

# 2    常用电子仪器的使用

　　直流稳压电源、信号发生器和示波器是电子技术工作人员最常用的电子仪器。由于本教材是电工电子课程入门教材,目的是让读者建立感性认识,因此本章主要介绍它们的基本功能及使用方法,基本不涉及原理的介绍。在本章中,对于每种仪器只选取了一个型号,但是同种仪器的不同型号大同小异,不难掌握它们的使用方法。

## 2.1    直流稳压电源

　　直流稳压电源是将交流电转变为稳定的、输出功率符合要求的直流电的设备。各种电子电路都需要稳压电源供电,所以直流稳压电源是电子电路或仪器不可缺少的组成部分。下面简要介绍 DF1731SC3A 型直流稳压电源的功能及其使用方法。

　　DF1731SC3A 型直流稳压电源是由双路可调式直流输出电源和一路固定输出电压源组成的高精度直流电源。其中双路可调式电源具有稳压与稳流自动转换功能,处于单路稳压状态时,输出电压可在 0～30 V 标称电压值之间连续可调;处于稳流状态时,单路输出电流能在 0～3 A 标称电流值之间任意调整。主、从路电源均采用悬浮输出方式,可以独立输出互不影响,也可以串联或并联输出。串联时,从路输出电压跟踪主路输出电压;并联时,输出电流为两路独立输出电流之和。固定输出电压源输出 5 V 电压。三组电源均具有可靠的过载保护功能,输出过载或短路都不会损坏电源。

　　1. 面板操作键及功能说明

　　DF1731SC3A 型直流稳压电源的面板如图 2-1-1 所示。

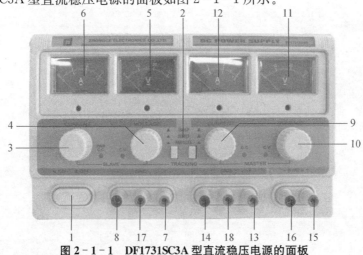

图 2-1-1    DF1731SC3A 型直流稳压电源的面板

【1】：电源开关。当开关被按下时（置于"ON"位），本机处于"开"状态，此时稳压指示灯（C.V）或稳流指示灯（C.C）点亮。

【2】：两路电源独立/串联/并联控制开关。当两个开关都处于弹起位置时（INDEP），本机作为两个独立的可调电源使用；当左边的开关按下，右边的开关弹起时（SERIES），双路可调电源可以串联使用；当两个开关都处于按下状态时（PARALLEL），双路可调电源可以并联使用。

【3】：第1路稳流输出电流调节旋钮。调节第1路输出电流值（如调节限流保护点）。

【4】：第1路稳压输出电压调节旋钮。调节第1路输出电压值，0～30 V连续可调。

【5】：第1路电压表。指示第1路的输出电压值。

【6】：第1路电流表。指示第1路的输出电流值。

【7】：第1路直流输出正接线柱。输出直流电压的正极。

【8】：第1路直流输出负接线柱。输出直流电压的负极。

【9】：第2路稳流输出电流调节旋钮。调节第2路输出电流值（如调节限流保护点）。

【10】：第2路稳压输出电压调节旋钮。调节第2路输出电压值，0～30 V连续可调。

【11】：第2路电压表。指示第2路的输出电压值。

【12】：第2路电流表。指示第2路的输出电流值。

【13】：第2路直流输出正接线柱。输出直流电压的正极。

【14】：第2路直流输出负接线柱。输出直流电压的负极。

【15】：固定5 V直流电源输出正接线柱。输出固定5 V电压的正极。

【16】：固定5 V直流电源输出负接线柱。输出固定5 V电压的负极。

【17】【18】：本机公共地。

2. 双路可调稳压源的使用方法

（1）将【2】置于两个开关都弹起（INDEP）的位置。此时，第2路和第1路作为两路独立的稳压源使用。本节以第1路为例，介绍调节电压的过程。（当仪表上无【2】时，本步操作可跳过。）

（2）首先顺时针调整电流调节旋钮【3】至最大，然后按下电源开关【1】，打开电源。调整电压调节旋钮【4】，至电压表【5】上显示所需的电压值。此时，稳压指示灯（C.V）点亮。

（3）从【7】【8】输出直流电压。

第2路电压的调整方法与第1路类似。

注意：在作为稳压源使用时，电流调节旋钮【3】一般应该调至最大，但是本电源也可以任意设定限流保护点。按下电源开关【1】，逆时针调整电流调节旋钮【3】至最小，此时稳流指示灯（C.C）点亮。然后短接【7】【8】，并顺时针调整电流调节旋钮【3】，使输出电流等于所要求的限流保护点电流，此时限流保护点就被设定好了。

3. 使用注意事项

（1）双路可调输出电源和一路固定5 V输出电源均设有限流保护功能，但当输出端短路时,应尽早发现并切断电源,排除故障后再使用。

（2）在开机或调压、调流过程中,继电器发出"喀"的声音属正常现象。

## 2.2 信号发生器

信号发生器是一种能产生测试信号的信号源,是最基本和应用最广泛的电子仪器之一。信号发生器的种类繁多,按输出波形可分为正弦信号发生器、脉冲信号发生器、函数信号发生器;按输出频率范围可分为低频信号发生器、高频信号发生器、超高频信号发生器。

信号发生器一般应满足如下要求:具有较高的频率准确度和稳定度;具有较宽的频率范围,且频率可连续调节;在整个频率范围内具有良好的输出波形,即波形失真要小;输出电压可连续调节,且基本不随频率的改变而变化。

DG1062 型函数信号发生器是一种精密仪器,它可输出多种信号:连续信号、扫频信号、函数信号、脉冲信号、单脉冲等。它的输出可以是正弦波、矩形波或三角波等基本波形,还可以是锯齿波、脉冲波、噪声波等多种非对称波形及任意波形。它的使用频率范围为 $1\ \mu Hz \sim$ 60 MHz。

1. 面板操作键及功能说明

DG1062 型函数信号发生器的面板如图 2-2-1 所示。

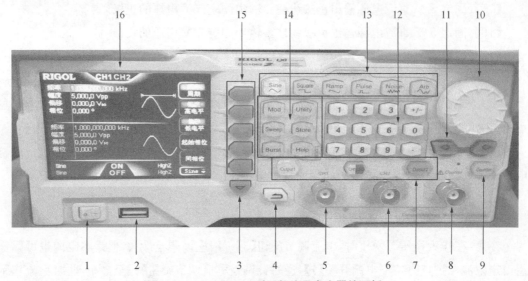

图 2-2-1 DG1062 型函数信号发生器的面板

【1】:电源键。用于开启或关闭信号发生器。

【2】:USB Host。可插入 U 盘,读取 U 盘中的波形文件或状态文件,或者将当前的仪器状态或编辑的波形数据存储到 U 盘中,也可以将当前屏幕显示的内容以图片格式（*.bmp）

保存到 U 盘。

【3】:菜单翻页键。打开当前菜单的下一页。

【4】:返回上一级菜单。退出当前菜单,并返回上一级菜单。

【5】:CH1 输出连接器。输出 BNC 连接器,标称输出阻抗为 50 Ω。当【Output1】键按下时(背灯变亮),该连接器以 CH1 当前配置输出波形。

【6】:CH2 输出连接器。输出 BNC 连接器,标称输出阻抗为 50 Ω。当【Output2】键按下时(背灯变亮),该连接器以 CH2 当前配置输出波形。

【7】:通道控制区。包括以下按键:

①【Output1】:用于控制 CH1 的输出。按下该键,背灯点亮,打开 CH1 输出;再次按下该键,背灯熄灭,关闭 CH1 输出。

②【Output2】:用于控制 CH2 的输出。按下该键,背灯点亮,打开 CH2 输出;再次按下该键,背灯熄灭,关闭 CH2 输出。

③【CH1CH2】:用于切换 CH1 或 CH2 为当前选中通道。

【8】:Counter 测量信号输入连接器。BNC 连接器,输入阻抗为 1 MΩ。用于接收频率计测量的被测信号。

【9】:频率计。按下该按键,背灯变亮,左侧指示灯闪烁,频率计功能开启;再次按下该键,背灯熄灭,频率计功能关闭。

【10】:旋钮。使用旋钮设置参数时,用于增大(顺时针旋转)或减小(逆时针旋转)当前光标处的数值。

【11】:方向键。使用旋钮设置参数时,用于移动光标以选择需要编辑的位;使用键盘输入参数时,用于删除光标左边的数字。

【12】:数字键盘。包括数字键(0~9)、小数点(.)和符号键(+/-),用于设置参数。

【13】:波形选择区。选中并按下某波形键时,按键背灯变亮,提供相应波形输出。包括以下按键:

①【Sine】:提供正弦波输出。可以设置正弦波的频率/周期、幅值/高电平、偏移/ 低电平和起始相位。

②【Square】:提供具有可变占空比的方波输出。可以设置方波的频率/ 周期、幅值/ 高电平、偏移/ 低电平、占空比和起始相位。

③【Ramp】:提供具有可变对称性的锯齿波输出。可以设置锯齿波的频率/周期、幅值/高电平、偏移/低电平、对称性和起始相位。

④【Pulse】:提供具有可变脉冲宽度和边沿时间的脉冲波输出。可以设置脉冲波的频率/周期、幅值/ 高电平、偏移/低电平、脉宽/ 占空比、上升沿、下降沿和起始相位。

⑤【Noise】:提供高斯噪声输出。可以设置噪声的幅值/ 高电平和偏移/ 低电平。

⑥【Arb】:提供任意波输出。可设置任意波的频率/ 周期、幅值/ 高电平、偏移/低电平

和起始相位。

【14】:功能选择区。包括以下按键:

①【Mod】:可输出多种已调制的波形。提供多种调制方式:AM、FM、PM、ASK 、FSK 、PSK 和 PWM。

②【Sweep】:可产生正弦波、方波、锯齿波和任意波(DC 除外)的 Sweep 波形。支持线性、对数和步进 3 种 Sweep 方式。

③【Burst】:可产生正弦波、方波、锯齿波、脉冲波和任意波(DC 除外)的 Burst 波形。支持 N 循环、无限和门控 3 种 Burst 模式。

④【Utility】:用于设置辅助功能参数和系统参数。

⑤【Store】:可存储、调用仪器状态或者用户编辑的任意波数据。

⑥【Help】:提供任何前面板按键或菜单软键的帮助信息。可按下该键后再按下需要获得帮助信息的按键。

【15】:菜单软键。与其左侧显示的菜单一一对应,按下某一按键后激活相应的菜单。

【16】:LCD 显示屏。彩色液晶显示屏,显示当前功能的菜单和参数设置、系统状态以及提示消息等内容。

2. DG1062 型信号发生器的用户界面

DG1062 型信号发生器的用户界面包括 3 种显示模式:双通道参数(默认)、双通道图形和单通道显示。下面以双通道参数显示模式为例介绍仪器的用户界面,如图 2-2-2 所示。

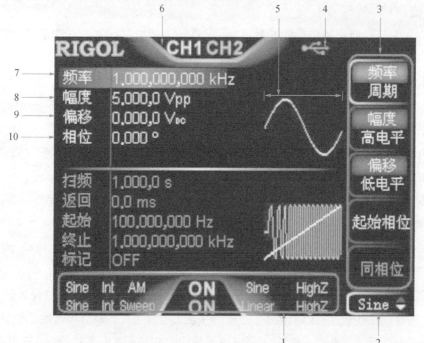

图 2-2-2  DG1062 型函数信号发生器的用户界面(双通道参数模式)

【1】:通道输出配置状态栏。显示各通道当前的输出配置。各种可能出现的配置如图2-2-3所示。

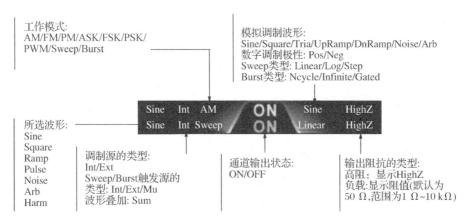

图2-2-3　用户界面中配置状态栏的解析

【2】:当前功能及翻页提示。显示当前已选中功能的名称,例如,显示"Sine"表示当前选中正弦波功能。

【3】:菜单。显示当前已选中功能对应的操作菜单。

【4】:状态栏。有三种状态显示,分别表示仪器连接局域网、远程工作模式、前面板被锁定或检测到U盘。

【5】:波形。显示各通道当前选择的波形。

【6】:通道状态栏。指示当前通道的选中状态和开关状态。选中CH1时,状态栏边框显示黄色;选中CH2时,状态栏边框显示蓝色;打开CH1时,状态栏中"CH1"以黄色高亮显示;打开CH2时,状态栏中"CH2"以蓝色高亮显示。

注意:可以同时打开两个通道,但不可以同时选中两个通道。

【7】:频率。显示各通道当前波形的频率。按相应的【频率/周期】键使【频率】突出显示,通过数字键盘或方向键和旋钮改变该参数。

【8】:幅度。显示各通道当前波形的幅度。按相应的【幅度/高电平】键使【幅度】突出显示,通过数字键盘或方向键和旋钮改变该参数。

【9】:偏移。显示各通道当前波形的直流偏移。按相应的【偏移/低电平】键使【偏移】突出显示,通过数字键盘或方向键和旋钮改变该参数。

【10】:相位。显示各通道当前波形的相位。按相应的【起始相位】菜单后,通过数字键盘或方向键和旋钮改变该参数。

3. DG1062型信号发生器的基本操作

DG1062型信号发生器可从单通道或同时从双通道输出基本波形,包括正弦波、方波、锯齿波、脉冲和噪声。本节主要介绍如何从CH1连接器输出一个正弦波(频率为20 kHz,幅值为2.5 Vrms)。

（1）选择输出通道

在面板上按通道选择键【CH1|CH2】选中 CH1，此时通道状态栏边框显示为黄色。

（2）选择正弦波

按【Sine】键选择正弦波，此时背灯变亮表示功能选中，屏幕右方出现该功能对应的菜单。

（3）设置频率/周期

按【频率/周期】键使【频率】突出显示，通过数字键盘输入"20"，在弹出的菜单中选择单位【kHz】。

①频率范围为 1 μHz～60 MHz，可选的频率单位有：MHz、kHz、Hz、mHz、μHz。

②再次按下此软键切换至周期的设置，可选的周期单位有：sec、msec、μsec、nsec。

（4）设置幅度

按【幅度/高电平】键使【幅度】突出显示，通过数字键盘输入"2.5"，在弹出的菜单中选择单位【Vrms】。

①幅度范围受阻抗和频率/周期设置的限制。

②可选的幅度单位有：Vpp、mVpp、Vrms、mVrms、dBm（dBm 仅当【Utility】→【通道设置】→【输出设置】→【阻抗】设置为非高阻时有效）。

③再次按下此软键切换至高电平设置，可选的高电平单位有：V、mV。

（5）启用通道输出

按【Output1】键，背灯变亮，CH1 连接器以当前配置输出正弦波信号。

（6）观察输出波形

使用 BNC 连接线将 DG1062 的 CH1 与示波器相连接，可以在示波器上观察到频率为 20 kHz、幅度为 2.5 Vrms 的正弦波。

4. 使用内置帮助系统

DG1062 内置帮助系统对于面板上的每个功能按键和菜单软键都提供了帮助信息。用户可在操作仪器的过程中随时查看任意键的帮助信息。

（1）获取内置帮助的方法

先按下【Help】键，背灯点亮，再按下需要获得帮助信息的功能按键或菜单软键，仪器界面显示该键的帮助信息。

（2）帮助的翻页操作

当帮助信息为多页显示时，通过菜单软键或旋钮可滚动帮助信息页面。

（3）关闭当前的帮助信息

当仪器界面显示帮助信息时，按下面板上的任意功能按键（除【Output1】和【Output2】键外），将关闭当前显示的帮助信息并跳转到相应的功能界面。

（4）常用帮助主题

连续按两次【Help】键可打开常用帮助主题列表。此时,可通过按菜单软键或旋转旋钮滚动列表,然后按【选择】键选中相应的帮助信息进行查看。

## 2.3　电子示波器

电子示波器是一种利用示波管内电子射线的偏转,在显示屏上显示出电信号波形的仪器。它是一种综合性的电信号测试仪器,其主要特点是:不仅能显示电信号的波形,而且可以测量电信号的幅度、周期、频率和相位等;测量灵敏度高,过载能力强,输入阻抗高。因此示波器是一种应用非常广泛的测量仪器。为了研究几个波形间的关系,常采用双踪和多踪示波器。下面介绍 TBS1072B-EDU 型数字存储示波器的功能及其使用方法。

1. 面板操作键及功能说明

TBS1072B-EDU 型数字存储示波器的面板如图 2-3-1 所示。

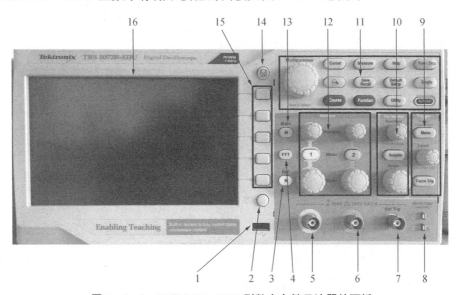

图 2-3-1　TBS1072B-EDU 型数字存储示波器的面板

【1】:USB 接口。可插入 U 盘用于文件存储。示波器可以将数据保存到 U 盘并从 U 盘中检索数据。

【2】:菜单开关键。打开或关闭屏幕右侧菜单。

【3】:【Ref】键。

【4】:【FFT】键。按下此键将时域信号转换为频谱并显示。

【5】:通道 1 输入连接器。

【6】:通道 2 输入连接器。

【7】：外部触发信源的输入连接器。使用触发控制区的【Menu】键可选择 Ext 或 Ext/5 触发信源。

【8】：探头补偿输出及机箱基准信号输出。

【9】：触发控制区。包括以下按键和旋钮。

①【Menu】：触发菜单。按下时，将显示触发菜单。

②【Level】：电平旋钮。使用边沿触发或脉冲触发时，可通过此旋钮设置采集波形时信号所必须越过的幅值电平。按下该旋钮可将触发电平设置为触发信号峰值的垂直中点（设置为 50%）。

③【Force Trig】：强制触发。无论示波器是否检测到触发，都可以使用此按键完成波形采集。

【10】：水平控制区。包括以下按键和旋钮：

①【Position】：位置旋钮，用于调整所有通道和数学波形的水平位置。这一控制的分辨率随时基设置的不同而改变。

②【Acquire】：采集按键，按下后显示采集模式——采样、峰值检测和平均。

③【Scale】：刻度旋钮，用于选择水平时间/格（标度因子）。

【11】：菜单和控制区。包括以下按键和旋钮：

①【Multipurpose】：多用途旋钮：通过显示的菜单或选定的菜单选项来确定功能。激活时，相邻的 LED 变亮。

②【Cursor】：显示光标菜单。

③【Measure】：显示自动测量菜单。

④【Save/Recall】：显示设置和波形的保存/调出菜单。

⑤【Function】：显示函数菜单。

⑥【Help】：显示帮助菜单。

⑦【Default Setup】：调出厂家设置。

⑧【Utility】：显示辅助功能菜单。

⑨【Run/Stop】：连续采集波形或停止采集。

⑩【Single】：采集单个波形，然后停止。

⑪【Autoset】：自动设置示波器控制状态，以产生适用于输出信号的显示图形。

【12】：垂直控制区。包括以下按键和旋钮：

①【Position】：可垂直定位波形。

②【Menu】：显示垂直菜单选择项并打开或关闭对通道波形的显示。

③【Scale】：选择垂直刻度系数。

【13】：数学计算按键。

【14】：保存按键。按下此按键，可以通过 U 盘快速存储图像信息或文件。

【15】：屏幕右端菜单选择按键。

【16】：显示屏。

2. TBS1072B－EDU 型数字存储示波器的基本操作

TBS1072B 型数字示波器是一个双通道输入的示波器。假设函数信号发生器产生一个频率为 1.25 kHz、电压峰-峰值为 2.8 V 的正弦波,将该信号送往示波器观测。

（1）选择输入通道

在通道 1 输入连接器接上示波器探头。

（2）设置通道 1 的配置

按下垂直控制区【12】中的【Menu 1】,打开 CH1 通道的菜单,进行通道 1 的配置。

①耦合方式设置

- 直流耦合:被测信号中的交、直流成分均送往示波器。
- 交流耦合:被测信号中的直流成分被隔断,仅将交流成分送往示波器进行观察。
- 接地:输入信号被接地,仅用于观测输入为 0 时光迹所在的位置。

②探头衰减设置

探头有不同的衰减系数,它影响着信号的垂直刻度。选择与探头衰减相匹配的系数。例如,要与连接到 CH1 的设置为 10× 的探头相匹配,需按下【探头】→【衰减】选项,然后选择【10×】。

③通道极性设置

设置 CH1 输入信号的极性。

- 反相开启:CH1 通道输入信号反相显示。
- 反相关闭:CH1 通道输入信号维持原相位。

（3）输入信号

探头接入输入信号。

（4）按【Autoset】键

按下菜单和控制区中的【Autoset】键,波形稳定显示在屏幕上,如图 2-3-2 所示。

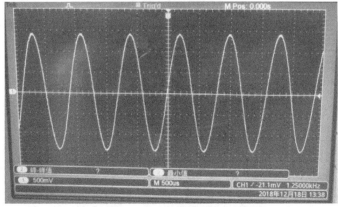

图 2-3-2　示波器屏幕显示信号波形

## 2.4 数字万用表

万用表又称三用表,是一种测量多种电量、多量程的便携式复用电工测量仪器。一般的万用表以测量电阻、交直流电流、交直流电压为主,有的万用表还可用来测量音频电平、电容量、电感量和晶体管的 $\beta$ 值等。由于万用表结构简单、使用范围广、便于携带,因此它是维修仪器和调试电路的一种重要工具,是一种最常用的测量仪表。

万用表的种类很多,按其读数方式可分为模拟式万用表和数字式万用表两类。模拟式万用表是通过指针在表盘上摆动的大小来指示被测量的数值,因此也被称为机械指针式万用表;数字万用表是采用集成电路模/数转换器和液晶显示器,将被测量的数值直接以数字形式显示出来的一种电子测量仪表。下面介绍 UT39 型数字式万用表的功能及其使用方法。

UT39 型数字万用表是一种操作方便、读数准确、功能齐全、体积小巧、携带方便、用电池作电源的手持袖珍式大屏幕液晶显示三位半数字万用表,对应的数字显示最大值为 1 999。它可用来测量直流电压/电流、交流电压/电流、电阻、二极管正向压降、晶体三极管 $h_{FE}$ 参数、电容容量、信号频率、温度及电路通断等。

1. 面板操作键及功能说明

UT39 型数字万用表的面板如图 2-4-1 所示。

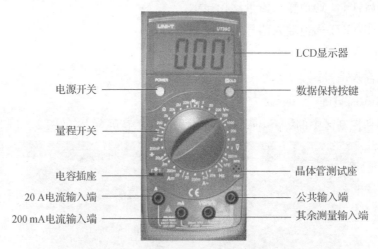

图 2-4-1 UT39 型数字万用表的面板

2. UT39 型数字万用表的使用方法

(1)直流电压测量

①将黑色表笔插入 COM 插孔,红色表笔插入 VΩ 插孔。

②将功能开关置于 $\overline{\overline{V}}$ 量程范围,并将测试笔并接在被测负载或信号源上。在显示电压读数时,同时会指示出红表笔的极性。

注意:

- 在测量之前不知被测电压的范围时应先将功能开关置于高量程挡,然后再逐步降低。
- 仅在最高位显示"1"时,说明已超过量程,须调高一挡。
- 不要测量高于 1 000 V 的电压,虽然有可能读得到读数,但可能损坏内部电路。
- 在测量高压时,应特别注意避免人体接触到高压电路。

(2) 交流电压测量

①将黑表笔插入 COM 插孔,红表笔插入 VΩ 插孔。

②将功能开关置于 V～ 量程范围,并将测试笔并接在被测负载或信号源上。

注意:不要测量高于 750 V 有效值的电压,虽然有可能得到读数,但可能损坏内部电路。其他注意事项同直流电压测量测量注意事项的前三项。

(3) 直流电流测量

①将黑表笔插入 COM 插孔。如被测电流在 200 mA 以下,将红表笔插入 mA 插孔;如被测电流大于 200 mA,则将红表笔移至 A 插孔。

②将功能开关置于 A⋯ 量程范围,并将测试笔串入被测电路中。红表笔的极性将在显示数字的同时指示出来。

注意:

- 如果被测电流范围未知,应将功能开关置于高挡后逐步降低。
- 仅最高位显示"1"说明已超过量程,须调高量程挡级。
- 200 mA 插口输入时,过载会将内装保险丝熔断,须更换保险丝,规格应为 0.3 A(尺寸为 $\phi5$ mm×20 mm)。
- 20 A 插口没有用保险丝,测量时间应小于 15 s。

(4) 交流电流测量

测量方法和注意事项同直流电流测量。

(5) 电阻测量

①将黑表笔插入 COM 插孔,红表笔插入 VΩ 插孔(注意:红表笔极性为"＋")。

②将功能开关置于所需 Ω 量程范围,并将测试笔跨接在被测电阻上。

注意:

- 当输入开路时,会显示过量程状态"1"。
- 如果被测电阻超出所用量程,则会显示"1",须换用高挡量程。当被测电阻在 1 MΩ 以上时,万用表须数秒后方能稳定读数。对于高阻值电阻的测量而言这是正常的。
- 检测在线电阻时,须确认被测电路已断开电源,同时电容已放电完毕方能进行测量。
- 有些器件有可能被进行电阻测量时所加的电流损坏,所以应注意其各挡级所加的电压值。

（6）电容测量

将量程开关置于电容量程挡，并将待测电容插入电容测试插座，从 LCD 上读取读数。

注意：

• 所有的电容在测试前必须充分放电。

• 当测量在线电容时，必须先将被测线路内的所有电源关断，并将所有电容器充分放电。

• 如果被测电容为有极性电容，测量时应按面板上输入插座上方的提示符将被测电容的引脚与仪表正确连接。

（7）二极管测量

①将黑表笔插入 COM 插孔，红表笔插入 VΩ 插孔（注意红表笔为"＋"极）。

②将功能开关置于 ▸┤ 挡，并将测试笔跨接在被测二极管上。

注意：

• 当输入端未接入即开路时，显示过量程"1"。

• 通过被测器件的电流为 1 mA 左右。

• 万用表显示值为正向压降伏特值，当二极管反接时则显示过量程"1"。

（8）蜂鸣通断测试

①将黑表笔插入 COM 插孔，红表笔插入 VΩ 插孔。

②将功能开关置于蜂鸣挡，并将测试笔跨接在欲检查的电路两端。

③若被检查两点之间的电阻小于 30 Ω，蜂鸣器便会发出声响。

注意：

• 当输入端接入开路时显示过量程"1"。

• 被测电路必须在切断电源的状态下检查通断，因为任何负载信号都将使蜂鸣器发声，从而导致判断错误。

（9）晶体管 $h_{FE}$ 参数测量

①将功能开关置于 $h_{FE}$ 挡上。

②先认定晶体三极管是 PNP 型还是 NPN 型，再将被测管的 E、B、C 三脚分别插入面板对应的晶体三极管插孔内。

③万用表显示的是 $h_{FE}$ 近似值，测量条件为基极电流为 10 $\mu A$，$V_{CE}$ 约为 2.8 V。

**3. 注意事项**

（1）不要接高于 1 000 V 的直流电压或高于 750 V 的交流有效值电压。

（2）切勿误接量程以免内外电路受损。

（3）仪表后盖未完全盖好时切勿使用。

（4）更换电池及保险丝须在拔去表笔及关断电源开关后进行。旋出后盖螺钉，稍微掀起后盖,同时向前推后盖,使后盖上挂钩脱离表面壳后即可取下后盖。按后盖上说明的规格要求更换电池或保险丝,本仪表的保险丝规格为 0.3 A/250 V,尺寸为 $\phi$5 mm×20 mm。

## 2.5　交流毫伏表

交流毫伏表(又称交流电压表)一般指模拟式电压表。它是一种在电子电路中常用的测量仪表,主要用于测量正弦电压的有效值。它采用磁电式表头作为指示器,属于指针式仪表。

交流毫伏表与普通万用表相比具有以下优点:

(1) 输入阻抗高。一般输入电阻至少为 500 kΩ,仪表接入被测电路后,对电路的影响小。

(2) 频率范围宽。适用频率范围约为几赫兹到几兆赫兹。

(3) 灵敏度高。最低电压可测到微伏级。

(4) 电压测量范围广。仪表的量程分挡可以从几百伏一直到 1 MV。

交流毫伏表按适用的频率范围大致可分为高频毫伏表和低频毫伏表两类。

### 2.5.1　交流毫伏表的组成及工作原理

通常交流毫伏表先将微小信号进行放大,然后再进行测量,同时采用输入阻抗高的电路作为输入级,以尽量减少测量仪器对被测电路的影响。

交流毫伏表根据电路组成结构的不同,可分为放大-检波式、检波-放大式和外差式。常用的交流毫伏表属于放大-检波式电子电压表。如图 2-5-1 所示为放大-检波式电子电压表的结构框图,主要由衰耗器、交流电压放大器、检波器和整流电源 4 部分组成。

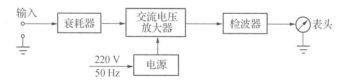

**图 2-5-1　放大-检波式电子电压表的结构框图**

被测电压先经衰耗器衰减到适宜交流放大器输入的数值,再经交流电压放大器放大,最后经检波器检波,变为直流电压流过磁电式电表,由表头指示被测电压的大小。

电子电压表表头指针的偏转角度正比于被测电压的平均值,而面板却是按正弦交流电压有效值进行定度的,因此电子电压表只能用于测量正弦交流电压的有效值。当测量非正弦交流电压时,电子电压表的读数没有直接的意义,只有把该读数除以 1.11(正弦交流电压的波形系数),才能得到被测电压的平均值。

### 2.5.2 DF2175 型交流电压表

DF2175 型交流电压表是通用型电压表,可测量 30 μV～300 V、5 Hz～2 MHz 交流电压的有效值。

**1. 工作原理**

DF2175 型交流电压表由输入保护电路、前置放大器、衰减控制器、表头指示放大器、监视输出放大器及电源组成。当输入电压过大时,输入保护电路工作,有效地保护了场效应晶体管;衰减控制器用来控制各挡衰减的开通,使仪器在各量程挡均能高精度地工作;监视输出放大器可使交流电压表作放大器使用;直流电压由集成稳压器产生。

**2. 使用方法及注意事项**

图 2-5-2 为 DF2175 型交流电压表的面板图,下面简单介绍其使用方法。

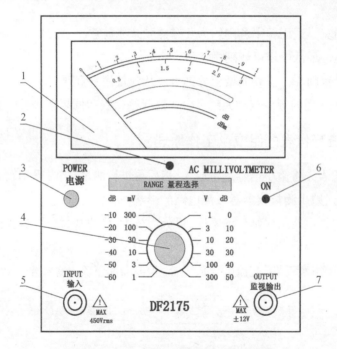

**图 2-5-2 DF2175 型交流电压表的面板**

(1) 通电前,先调整电表指针的机械零位【2】,使表头【1】电表指针指示零位。

(2) 接通电源,按下电源开关【3】,电源指示灯【6】亮,仪器立即工作。但为了保证性能稳定,可预热 10 min 后使用,开机后 10 s 内指针无规律摆动数次是正常的。

(3) 测量。先将量程开关【4】置于适当量程,再由测量输入端【5】加入测量信号。若测量信号未知,应将量程开关置最大挡,然后逐级减小量程。量程开关指向 1、10、100 挡位时看第一行刻度,指向 3、30、300 挡位时看第二行刻度。

(4) 若要测量高电压时,输入端黑柄夹必须接在"地"端。

(5) 监视输出。当输入电压在任何一量程挡指示为满度时,监视输出端【7】的输出电压为 0.1 Vrms。可依此将本仪器作为放大器使用。

3. 技术参数

(1) 测量电压范围:1 μV～300 V,共分 1 mV、10 mV、30 mV、100 mV、300mV、1 V、3 V、10 V、30 V、100 V、300 V 共 12 挡量程。

(2) 测量电平范围:−60～50 dB。

(3) 电压测量工作误差:≤5% 满刻度值(400Hz)。

(4) 频率响应:20 Hz～200 kHz,±3%;10 Hz～500 kHz,±5%;5Hz～2MHz,±10%。

(5) 输入阻抗:1 MΩ,45 pF。

(6) 最大输入电压:≤AC 450 V。

(7) 开路输出电压:0.1 Vrms(满刻度时)≤5%。

(8) 输出阻抗:600 Ω。

# 3 电子电路设计基础

电子电路的设计内容既有综合性又有探索性,侧重于对理论知识的灵活运用,对于提高学生的素质和科学实践能力非常有益。通过这种综合训练,可以使学生初步掌握电子系统设计的基本方法,提高动手组织实验的基本技能,对于提高学生的素质和科学实验能力非常有益。同时,这种训练也可以着力突出学生的基础技能、设计性综合应用能力、创新能力和计算机应用能力,以适应培养面向未来的优秀人才的需求。

## 3.1 电子电路设计与制作

在学习了电类相关基础知识后,由学生分组独立完成一个课题的原理设计和实验调试任务。通过电子小产品的制作,让学生运用所学理论知识,进行实际电子电路的初步原理设计、电路仿真、PCB设计制板、电子电路的安装和调试,既能加深学生对电路基础知识的理解,又能培养学生电子电路的实践技能,提高学生分析问题、解决问题的能力。

### 3.1.1 电子电路设计与制作的目的

电子电路设计与制作的目的是培养学生的自学能力,增强他们独立分析问题、解决问题及动手实践的能力。

1. 培养学生的自学能力

电子电路设计与制作以学生自学为主,对于讲授过的模拟电子电路和数字电路理论知识,设计时不必重复讲解,教师只要根据设计任务,提出参考书目,由学生自学。电子电路设计重在培养学生的自学能力,对于设计中的重点和难点,通过典型示例分析和讲解,启发学生自主思维,帮助学生掌握自学的方法。培养学生查阅文献资料的能力,遇到问题时,通过独立思考,借助工具书,最终得到满意的答案。

2. 提高学生独立分析问题、解决问题的能力

电子电路设计与制作是一个既动脑又动手的综合类实践项目,要提高学生独立分析问题、解决问题的能力,需要让学生在实践中开动脑筋,积极探索,充分发挥学习的主动性和创造性。在时间的安排上,要给学生留出时间去钻研问题,独立地解决实践中的问题。学生通过相互之间的讨论交流,互相启发,集思广益。

3. 提高学生动手实践的能力

要提高学生动手实践的能力,关键是让学生把动脑和动手有机地结合起来。培养学生严谨的科学作风,从理论分析计算到动手实验,每一步都要求他们按规定去做。由学生自选元器件及所需仪器设备,独立测量、调试并对实验结果做出分析和处理。让学生明确每一步操作的目的和应得到的结果,遇到问题能够找到原因并及时解决。通过设计与制作,既可增加他们的动手能力,又能拓展他们的理论知识。

## 3.1.2  电子电路设计与制作的一般流程

电子电路设计与制作一般分为三个阶段:原理设计、实验调试、总结报告。

1. 原理设计

电子电路设计与制作一般安排在一个学期内,视具体条件而定,既可以集中进行也可以分散完成。理论设计可分散进行,实验及调试环节可集中进行。具体的原埋设计通常分为以下三个阶段。

(1)布置设计任务书

教师向学生下发设计任务书,规定技术指标及其他要求。在设计任务书中,对系统应完成的设计任务进行具体分析,充分了解系统的性能、指标、内容及要求,以便明确系统应完成的任务。设计任务书应明确规定设计题目、设计时间、主要技术指标、给定条件和原始数据、所用仪器设备及参考文献等。

(2)选定设计方案

设计方案是根据掌握的知识和资料,针对系统提出的任务、性能和条件,完成系统的设计功能。教师帮助学生明确设计任务,讲授必要的电路原理和设计方法,启发学生的设计思路,由学生进行方案比较,并选定设计方案。在这个过程中,学生要勇于探索,敢于创新,力争做到设计方案合理、功能齐全、运行可靠。根据选定的设计方案,画出系统框图。框图要正确反映系统应完成的任务和各部分组成及其功能,清晰地标出信号的传输关系。

(3)分析计算

选定设计方案后,就可以着手进行设计计算。系统是由单元电路组成的,为保证单元电路达到功能指标要求,需要用电子技术知识对参数进行计算,只有把单元电路设计好才能提高整体设计水平。在此过程中,使学生逐步掌握工程估算的方法,并能够根据计算的结果,按元件系列及标称值合理地选取元器件。然后按照选取的元器件,对电路性能进行验算,如能满足性能指标,则可认为原理设计完成。

2. 实验调试阶段

原理设计完成之后,即可开始实验安装调试。安装调试前,由指导教师介绍仪器设备及元器件的使用方法和使用注意事项,然后在教师的指导下,学生开始搭接电路,进行实验调试。利用电子仪表对电路的工作状态进行检查,排除电路中的故障,调整元器件,不断改进电路性能,使设计的电路实现设计的指标要求。

实验调试阶段是电子电路设计的难点和重点。这一阶段安排的时间较长,力求学生集中进行,便于教师的指导,通过实验调试,使学生掌握测量、观测的方法,学会查找电路问题并能分析问题及解决问题,逐步改进设计方案,从而掌握电子电路的一般调试规律,增强实践动手能力。实践表明,即使按照设计的参数安装,往往也难以达到预期的效果,必须通过安装后的测试和调整来发现和纠正设计中的不足和安装的不合理,然后采取措施加以改进,使系统达到预定的技术指标。

**3. 总结报告阶段**

设计报告就是对设计的全过程做出系统的总结报告,是对学生书写科学论文和科研总结报告能力的训练。通过书写设计报告,不仅能把设计、组装、调试的内容进行全面的总结,而且能把实践内容上升到理论高度。设计报告的内容应包括以下几个方面:

(1) 设计任务书及主要技术指标和要求;

(2) 方案论证及整机电路工作原理;

(3) 单元电路的分析设计、元器件选取;

(4) 实际电路的性能指标测试;

(5) 设计结果的评价;

(6) 收获与心得体会。

在设计报告中,应说明设计的特点和存在的问题,并提出改进设计的建议。对调试过程中出现的主要问题也应该做出分析,从理论和实践两个方面找出问题的原因并提出改进措施及其效果。设计报告的书写要文理通顺、书写简洁、符号标准、图表齐全、讨论深入、结论简明。

# 3.2 电子电路设计的基本方法

电子电路设计为学生创造了一个既动手又动脑,独立开展电子技术实验的机会。学生既可以运用实验手段检验原理设计中的问题,又可以运用学过的知识指导电路调试工作,使电路功能更加完善,从而使理论和实践有机地结合起来,锻炼分析和解决电路问题的实际本领,真正实现由知识向能力的转化。通过这种综合训练,学生既可以初步掌握电子系统设计的基本方法,也能够提高动手组织实验的基本技能,为以后参加各种电子竞赛以及进行毕业设计打下良好的基础。

## 3.2.1 模拟电路设计的基本方法

无论是在生产还是生活中,人们越来越多地使用一些电子设备和装置,如扩音机、录音机、示波器、信号发生器、报警器、温控装置等,这些都属于模拟电路。尽管它们用途不同,但从工作原理来看,有着共同之处。

1. 模拟电路的组成

模拟电路一般由传感器件、信号放大或变换电路(模拟电路)和执行机构组成,如图 3-2-1 所示。

图 3-2-1 模拟电路的组成框图

(1)传感器件

各种模拟电路都需要输入或产生一种连续变化的电信号,这种信号可以由专门的部件把非电的物理量转换为电量,这种部件通常称为传感器,如话筒、磁头、热敏器件、光敏器件等。也有些设备无须这种转换,而是直接由探头输入或电路本身产生电信号,如示波器、信号源等。

(2)模拟电路

模拟电路能把得到的电信号进行放大或者变换,使信号具有足够大的能量,为实现人们所预期的功能服务。

(3)执行机构

电路中都设置了不同的执行机构,如喇叭、电铃、继电器、示波器、表头等,可以把传来的电能转换成其他形式的能量,以实现人们需要的功能。

2. 模拟电路设计的主要任务

电子系统中,无论是传感器送来的电信号,还是直接输入或电路本身产生的电信号,一般都是十分微弱的,往往不能推动执行机构工作,而且有时信号的波形也不符合执行机构的要求,所以需要对这种信号进行放大或者变换,才能保证执行机构的正常工作。由此可见,信号放大和信号变换是模拟系统设计的主要任务。

3. 模拟电路设计的基本方法

随着生产工艺水平的提高,线性集成电路和各种具有专用功能的新型元器件迅速发展起来,给电子系统设计工作带来了很大的变革。但是,从我国现有的条件来看,集成元件的生产,无论是品种还是数量,都还不能满足电子技术发展的需求,所以分立元件的电路还在大量地应用。这种分立元件电路的设计主要是运用基本单元电路的理论和分析方法,比较容易为初学设计者所掌握,并且有助于学生熟悉各种电子器件,掌握电路设计基本程序和方法,学会布线、组装、测量、分析、调试等基本技能。任何复杂的电路都是由简单的单元电路组合而成的。所以,要设计一个复杂的电子系统,可以先将该电子系统分解为若干具有基本功能的单元电路,如放大器、振荡器、整流器、波形变换电路等,然后分别对这些单元电路进行设计,使一个复杂任务变成多个简单任务。

在各种基本功能电路中,放大器是最基本的电路形式,其他电子线路多是由放大器组合或派生而成的。例如,振荡器是由基本放大器引入正反馈后形成的,恒压源、恒流源是由基本放大电路引入负反馈后形成的,多级放大电路是由基本放大电路通过直接耦合、阻容耦合或变压器耦合而成的。因此,基本放大电路的设计是模拟电路设计的基础与核心。

(1) 明确系统的设计任务要求

对系统的设计任务进行具体分析,充分了解系统的性能、指标、内容及要求,以便明确系统设计应完成的任务。实现某一性能指标的电路,其设计方案是多种多样的,设计的方法灵活性大,没有固定的程序和方法,通常根据给定的条件和要求的性能指标来加以确定。例如,功率放大电路的设计需要考虑的主要性能指标有:输出功率要足够大、效率要高及非线性失真要小。根据输出功率要求确定电路组成,大功率放大器一般选择变压器耦合乙类推挽电路。

(2) 选择设计方案

选择设计方案是根据系统提出的任务完成系统的功能设计,把系统要完成的功能划分为若干单元电路,并画出能表示各功能单元的整机原理框图。在方案设计过程中,力争做到方案设计合理、可靠、经济、功能完备、技术先进,并针对设计方案不断进行可行性和优缺点的分析,最后设计出一个完整系统框图。框图包括系统的基本组成和各单元电路之间的相互关系,并能够正确反映系统应完成的任务和各组成部分的功能。

(3) 确定元器件参数

根据系统的性能指标和功能框图,明确各单元电路的设计任务。根据学习过的理论知识,在对基本电路进行分析的基础上,根据各单元电路的性能指标要求,分别计算元器件参数。元器件参数的计算通常是从输出级开始逐级向前计算,如对于大功率放大器,首先设计输出级,根据输出功率提出对晶体管参数的要求,再选择晶体管型号;然后按照输出管应当提供的功率指标和负载求得变压器的变比和功率级的元器件参数;最后根据输出级所需的激励功率、输出级的输入阻抗设计激励级。具体设计时,可以模拟成熟的电路,也可以根据设计需求进行改进与创新,但都必须保证性能要求。不仅要保证单元电路本身设计合理,而且要保证各单元电路间相互配合,注意各部分的输入信号、输出信号和控制信号的关系。只有很好地理解电路的工作原理,正确利用计算公式,计算出的参数值才能满足设计要求。

(4) 选取元器件

根据理论计算出的参数值往往不是元器件的标称值,必须根据参数的计算结果,按照元器件系列及标称值选取元器件。

①阻容元件的选择

电阻和电容元件种类很多,不同的电路对电阻和电容的要求也不同,设计时要根据电路的要求选择性能和参数合适的阻容元件,并要注意功耗容量、频率和耐压范围是否满足要求。

②分立元件的选择

分立元件包括二极管、晶体三极管、场效应管、光电二极管、光电三极管、晶闸管等,应根据设计要求分别选择。选择的器件种类不同,注意事项也不同。例如,选择晶体三极管时,要注意是 NPN 型管还是 PNP 型管,是高频管还是低频管,是大功率管还是小功率管,并注意管子的相关参数是否满足电路设计的指标要求。

③集成电路的选择

由于集成电路可以实现很多单元电路甚至整机电路的功能,所以选用集成电路来设计单元电路和整体电路既方便又灵活,不仅使系统体积减小,而且性能可靠,便于调试及运用。集成电路不仅要在功能和特性上实现设计方案,而且要满足功耗、电压、速度、价格等多方面的要求。集成电路的型号、原理、功能、特征可查阅相关手册。

(5)校核技术指标

因选取的元器件的标称值同理论计算值不同,最后还需要对实际选用的元器件标称值按理论计算公式或工程估算公式进行校验核算,若符合指标要求可确定为预定设计方案;否则,需要重新设计及计算,再选择合适的元器件。

(6)绘制电路图

电路图的绘制通常是在系统框图绘制、方案选择、元器件参数计算、元器件选取、技术指标校核的基础上进行的,它是组装、调试和维修电路的依据。绘制电路图时应注意以下几点:

①布局合理

电路图的绘制要布局合理,有时一个总电路图是由几部分组成的,绘图时应尽量把电路图画在一张图纸上。如果电路图比较复杂,需绘制几张电路图,则应把主电路画在同一张图纸上,把一些比较独立或次要的部分画在另外的图纸上,在图的断口处做上标记,标出信号从一张图到另一张图的引出点和引入点,说明各图纸在电路连接之间的关系。为了便于看清各单元电路的功能关系,每一个功能单元电路的元器件应集中布置在一起,并按工作顺序排列,以利于对图的理解和阅读。

②信号流向正确

电路图一般应从输入端或信号源开始,由左至右或由上至下,按信号的流向依次画出各单元电路,反馈通路的信号流向则与此相反。

③图形符号标准

图形符号表示器件的概念,符号要标准,图中应加适当的标注。其中,电路图中的中、大规模集成电路器件一般用方框图表示,应在方框中标出它的型号,在方框的边线两侧标出每根线的功能名称及管脚号。

④连线规范

电路连线应为直线,并且交叉和折弯较少,一般不画斜线,互相连通的交叉点处用圆点表示。根据需要,可以在连接线上加注信号名和其他标记,以表示其功能或去向。有的连线可用符号表示,如电源一般用电压数值表示,地线用符号表示。

设计的电路是否满足设计要求,必须通过组装、调试进行验证。模拟电路设计没有固定的模式,电路设计的性能指标要求往往是多方面的,有时这些要求之间又会相互矛盾。对一个实际电路而言,并非要求面面俱到,应该根据实际情况分清主次,才能在设计中做出最佳的设计方案。

### 3.2.2 数字电路设计的基本方法

随着计算机技术的发展,数字系统在自动控制、广播通信和仪表测量等方面得到了广泛的应用。设计与制造具有特定功能的数字电路,是电子工程技术人员必须掌握的基本技能。

**1. 数字电路系统的组成**

数字电路系统是运用数字电路技术实现某种功能的电路系统,在自动控制、广播通信和仪表测量等方面已经得到了极为广泛的应用。从电路结构来看,数字电路系统多是由一些单元数字电路组成。因为各种系统功能不同,因此在具体电路组成上也有很大区别。但是从系统功能上来看,各种数字电路系统都有共同的原理框图(见图3-2-2)。从图中可以看出,数字电路系统分为以下四个部分。

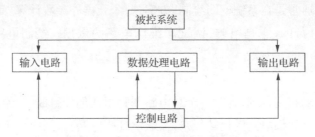

**图 3-2-2　数字电路系统的原理框图**

(1)输入电路

输入电路包括传感器、A/D转换器和各种接口电路,其主要功能是将待测或被控的连续变化量转换成在数字电路中能工作和加工的数字信号。这一变换过程通常是在控制电路的统一指挥下进行。

(2)控制电路

控制电路包括振荡器和各种控制门电路,其主要功能是产生时钟信号及各种控制节拍信号。它是整个电路的神经中枢,控制着各部分电路的统一协调工作。

(3)数据处理电路

数据处理电路包括存储器和各种运算电路,其主要功能是加工和存储输入的数字信号以及经过处理后的结果,以便及时地把加工后的信号送给输出电路或控制电路。它是实现各种计数、控制功能的主体电路。

(4)输出电路

主体电路包括D/A转换器、驱动电路和各种执行机构,其主要功能是将经过加工的数字信号转换成模拟信号,再做适当的能量转换,驱动执行机构完成测量和控制等任务。

以上四个部分中,控制电路和数据处理电路是整个电路的核心环节。

**2. 数字电路设计的主要任务**

一般来说,数字电路装置的设计应当包括数字电路的逻辑设计、安装调试,最后做出符合性能指标要求的数字电路装置。电路的逻辑设计也称为电路的预设计,它有以下两部分任务要完成。

(1) 数字电路的系统设计

根据数字装置的技术指标和给定的条件,选择总体电路设计方案。所谓总体方案,就是按整机的功能要求,选定若干具有简单功能的单元电路,使其级联配合起来完成复杂的逻辑任务。

(2) 单元电路的设计

根据单元电路的类型(组合电路/时序电路),将其逻辑要求用真值表、状态表、卡诺图等表示出来,然后用公式法或卡诺图法化简,求得最简的逻辑函数表达式,最后按表达式画出逻辑图。

由于数字集成电路的迅速发展,各种功能的单元电路已经由厂家制成中大规模的器件大批生产,只要选取若干集成器件,很容易实现某些专用的逻辑功能。所以,要求设计者具有一定的集成电路知识,熟悉各种集成器件的性能、特点和使用方法,以合理选择总体方案,恰当地使用集成器件。当没有合适的集成器件组成单元电路时,仍需采用逻辑电路的一般设计方法,由基本逻辑门和触发器组成单元电路。

3. 数字电路设计的基本方法

(1) 分析任务要求,确定总体方案

根据数字系统的总体功能,首先把一个较复杂的逻辑电路分解为若干个较简单的单元电路,明确各个单元电路的作用和任务,然后画出整机的原理框图。原理框图不宜分得太小、太细,以便选择不同的电路或器件,进行方案比较,同时也便于单元之间相互连接;但也不能太大、太笼统,使其功能过于繁杂,不便于选择单元电路。

(2) 选择集成电路类型,确定单元电路的形式

按照每个单元电路的逻辑功能,选择一些合适的集成器件完成需要的工作。由于器件类型和性能的不同,需要的器件数量和电路连接形式也不一样。所以,需要将不同方案进行比较。一般情况下,应选择性能可靠、使用器件少、成本低廉的方案。同时,也应考虑元器件容易替换、购置方便等实际问题。有的逻辑单元没有现成的集成器件可用,需要按一般逻辑电路设计的方法进行设计。但要充分利用已有条件和变量间的约束,求出最简表达式,最后实现逻辑电路时,应尽可能减少基本逻辑单元的数目和类型。

(3) 解决单元电路的连接问题

各单元电路选定之后,还要认真仔细地解决它们之间的连接问题。要保证各单元之间在时序上协调一致,并能稳定工作,应当避免竞争冒险现象和相互之间的干扰。各单元在电气特性上应该相互匹配,保证各部分的逻辑功能得以实现。同时要注意计数器初始状态的处理,解决好电路的自启动问题。

(4) 画出整机框图和逻辑电路图

在以上各部分设计完毕之后,画出整机框图和逻辑电路图。整机框图能扼要地反映整

机的工作过程和工作原理,要求清晰地表示出控制信息和数字信息的流动方向。逻辑电路图是电路的实施图纸,应当清晰、工整,符合电路图纸制图原则,包括:

①要标明输入端和输出端以及信息流动方向。

②通路尽可能用线连接,不便于连接时,应在断口两端标出,互相连通的交叉线应打点标出。

③同一电路分成两张以上图纸绘制时,应用同一坐标系统,并应标明信号的连接关系。

④所使用的元器件逻辑符号应符合国家标准的要求。

**4. 组合逻辑电路的设计方法**

在数字电路中,根据逻辑功能的不同特点,可以把数字电路分为两类:一类是组合逻辑电路(简称组合电路),另一类是时序逻辑电路(简称时序电路)。在组合电路中,任意时刻的输出信号仅取决于该时刻各个输入信号的取值,与电路原来的状态无关。由于电路中不含有记忆元件,所以输入信号作用前的电路状态对输出信号没有影响,组合电路的设计是根据给定的实际逻辑问题,设计出满足这一逻辑功能的最简逻辑电路。所谓最简,是指电路所用的器件数最少,器件的种类最少,而且器件间的连线也最少。组合逻辑电路设计的基本方法如下:

(1)分析设计要求

在许多情况下,提出的设计要求是用文字描述的一个具有一定因果关系的事件,需要根据设计要求,把文字描述的实际问题转换成用逻辑语言表达的逻辑功能。需要对各个条件和要求进行一定的抽象和综合,明确哪些是输入变量,哪些是输出变量。一般来说,总是把引起事件的原因定为输入变量,而把事件的结果作为输出变量。同时还需分析输入变量和输出变量之间的关系。

(2)列逻辑真值表

以二值逻辑的0、1两种状态分别表示输入变量和输出变量的两种不同状态,进行逻辑变量赋值,并按变量之间的关系列出逻辑真值表。至此,便将一个实际的逻辑问题抽象为一个逻辑函数了,且以真值表的形式给出。

(3)写出逻辑函数表达式

为了便于对逻辑函数进行化简和变换,需要把真值表转换为对应的逻辑函数表达式。

(4)选定器件的类型

为了产生所需的逻辑函数,既可以用小规模集成的门电路组成相应的逻辑电路,也可以用中规模集成的常用组合逻辑器件等构成相应的逻辑电路。应根据对电路的具体要求和器件的资源情况决定采用哪一种类型的器件。

(5)化简逻辑函数表达式

对由真值表列出的逻辑函数表达式进行化简时,可根据变量的数量选择不同的化简方法。一般变量较少时,采用卡诺图法,简单易行;变量超过5个时,通常采用公式法进行化简或变换。

在进行逻辑函数表达式化简或变换的过程中,需要注意:

①充分利用逻辑变量之间的约束条件化简函数,以便得到比较简单的表达式。

②结合给定或选用的元器件类型,求得最佳逻辑表达式。

在使用小规模集成的门电路进行设计时,为获得最简的设计结果,应将函数表达式化成最简形式,即函数表达式中相加的乘积项最少,而且每个乘积项中的因子也最少。在使用中规模集成的常用组合逻辑电路设计电路时,需要把逻辑函数表达式变换为适当的形式,以便能用最少的器件和最简的连线连接成所要求的逻辑电路。

(6)画出逻辑电路的连接图

按照化简后的最简逻辑表达式画出逻辑电路图。

(7)工艺设计

为了把逻辑电路实现为具体的电路装置,还需要做一系列的工艺设计工作,包括机箱面板、电源、显示电路、控制开关等,最后完成组装与调试。

组合逻辑电路的设计应在电路级数允许的条件下,使用器件少,电路简单,成本低廉。如果器件数目相同,输入端总数最少的方案较佳。

**5. 时序逻辑电路的设计方法**

在数字电路中,任一时刻的输出信号不仅取决于该时刻的输入信号,而且还与电路原来的状态有关,这种电路称为时序逻辑电路,简称时序电路。从电路的组成来看,时序逻辑电路不仅包含组合电路,还包含具有记忆功能的存储电路,因此时序电路的分析与设计比组合逻辑电路的分析与设计要复杂。

1)时序电路的分析方法

(1)时序逻辑电路的描述方法

为了描述时序电路的逻辑功能,通常需要用三个逻辑方程式表达:

①输出方程:表示输出变量与输入变量及存储电路的现态之间的关系。

②状态方程:表示存储电路的次态与它的现态及驱动信号之间的关系。

③驱动方程:表示存储电路的驱动信号与输入变量及存储电路的现态之间的关系。

上述三个方程可以全面地反映时序逻辑电路的功能。为了更加直观、形象,还需要借助于一些图表来描述时序逻辑电路的功能。

①状态表:用表格形式反映电路的输出、次态与输入、现态的对应取值关系。

②状态图:用几何图形反映状态转换规律及相应输入、输出的取值情况。

③时序图:用随时间变化的波形图来表达时钟信号、输入信号、输出信号及电路状态等取值的关系,又称为工作波形图。

(2)时序电路的分析方法

分析时序逻辑电路就是求出给定时序电路的状态表、状态图或时序图,从而确定电路的逻辑功能和工作特点。一般分析步骤如下:

①写逻辑方程式。从给定的电路中,首先根据触发器的类型和时钟触发方式,写出触发

器的特性方程,以及各触发器的时钟信号和驱动信号的表达式,并根据电路写出输出信号的逻辑表达式。

②求状态方程。将驱动方程代入相应触发器的特性方程,求得各个触发器次态的逻辑表达式,即状态方程。状态方程必须在时钟信号满足触发条件时才成立。

③依次按现态和输入的取值求次态和输出值。根据给定的输入条件和现态的初始值依次求次态和输出值,如果没有给出以上条件,则依次按假设现态和输入的取值,求出相应的次态和输出值。计算过程不要漏掉任何可能出现的现态和输入的取值组合,并且均应求出相应的次态和输出值。

④列状态表、画状态图(或时序图)。状态表反映输入、现态和时钟条件满足后的次态和输出的取值关系,其中,输出是现态的函数,即输出的取值是由输入和现态决定的。根据状态表画状态图(或时序图)。

⑤说明逻辑功能。根据分析结果,说明时序电路的逻辑功能和特点。

2)同步时序逻辑电路的设计方法

时序逻辑电路设计是时序逻辑电路分析的逆过程,根据设计所要求的逻辑功能,画出实现该功能的状态图或状态表,然后进行状态化简及状态分配,求状态方程、输出方程并检查能否自启动,求各个触发器的驱动方程,最后画出逻辑电路图设计所得到的设计结果应力求简单。当选用小规模集成电路做设计时,电路最简的标准是所用的触发器和门电路的数目最少,而且触发器和门电路的输入端数目也最少。当使用中、大规模集成电路时,电路最简的标准是使用的集成电路数目最少,种类最少,而且相互间的连线也最少。

(1)逻辑抽象

分析给定的逻辑问题,确定输入变量、输出变量以及电路的状态数。通常都是取原因作为输入变量,取结果作为输出变量。定义输入逻辑状态、输出逻辑状态以及每个状态的含义,并将电路状态按顺序编号。

(2)画出原始状态图或列出状态表

根据设计功能要求,确定输入变量和输出变量、现态和次态及它们之间的逻辑关系,画出满足设计要求的原始状态图或列出状态表。

(3)状态化简

在初步建立的状态表或状态图中常有多余的状态。状态越多,设计的电路需要的触发器数目越多。因此,在满足设计要求的前提下,状态越少,电路越简单。

(4)状态编码

按照化简后的状态数,确定触发器的数目,并选择触发器的类型,进行状态编码,列出编码状态转换表。状态分配的情况直接关系到状态方程和输出方程是否最简,实现方案是否最经济,往往需要仔细考虑,进行多次比较后才能确定最佳方案。

(5)选定触发器类型

因为不同功能的触发器的驱动方式是不同的,所以用不同类型触发器设计出的电路也不一样。因此,在设计具体的电路前,必须选定触发器的类型。选择触发器类型时,应考虑器件的供应情况,并应力求减少系统中使用的触发器种类。

（6）求状态方程、输出方程、驱动方程

用卡诺图法或公式法对状态表进行化简,求出次态的逻辑表达式和输出函数的表达式。根据所选触发器的类型,从状态方程求出各个触发器的驱动方程。

（7）画逻辑电路图

根据得到的方程式画逻辑电路图。

（8）检查电路能否自启动

如果电路不能自启动,需要采取措施加以解决。可以在电路开始工作时通过预置数将电路的状态置成有效循环中的某一种,或通过修改逻辑设计加以解决。

3）异步时序逻辑电路的设计方法

在异步时序逻辑电路中,各触发器的时钟脉冲不是同一个信号,而是根据翻转时刻的需要引入不同的触发信号。因此在设计异步时序电路时,要把时钟脉冲作为未知量做出适当选择,其他步骤与同步时序电路相似,电路组成较同步时序电路简单。其设计方法如下:

（1）分析设计要求,建立原始状态图。

（2）确定触发器的数目及类型,进行状态编码。

（3）画时序图,选择时钟脉冲。

（4）求状态方程、输出方程,检查电路能否自启动。

（5）求驱动方程。

（6）画逻辑电路图。

# 3.3　电子电路设计的调试方法

在电子电路设计时,不可能周密地考虑各种复杂的客观情况,必须通过电子系统安装后的测试来发现和调整设计方案中的不足,然后采取措施加以改进,使设计达到预定的性能指标。电子电路的调试是电子电路设计的重要环节之一,要求理论和实际紧密结合,设计者既要掌握理论知识,又要熟悉实验方法,才能做好电路的调试工作。

## 3.3.1　调试前的直观检查

电路组装完毕,在通电前先要仔细检查电路,对连线、元件及电源进行认真检查。

1. 连线检查

检查电路连线是否正确,包括是否有错线、少线和多线。

（1）对照电路图检查安装的线路

根据电路图连线,按一定顺序逐一检查安装好的线路,较易发现错线或少线情况。

（2）按照实际线路来对照原理图进行查线

以元件为中心进行查线，把每个元件引脚的连线一次查清，检查每个引脚的去向在电路图上是否存在，不但可以查出错线和少线，还可以容易查出有无多线的情况。

2. 元件检查

检查元器件引脚之间有无短路、连接处有无接触不良，二极管方向、三极管引脚、集成电路、电解电容等是否连接有误。

3. 电源检查

检查直流电源极性是否正确，信号源连线是否正确，电源端对地是否存在短路。

电路经过上述检查并确认无误后，可以进入调试阶段。

## 3.3.2 模拟电路的一般调试方法

模拟电路是由各种功能的单元电路组成的，一般有两种调试方法：一种方法是安装好一级电路就立即调试一级电路，采用逐级调试的方法；另一种方法是组装好全部电路后统一调试。

1. 调试步骤

（1）通电观察

把经过准确调试的电源接入电路，观察有无异常现象，如冒烟、异常气味、元件发热及电源是否有短路等。如果出现异常，应立即切断电源，待排除故障后才能再次通电。

（2）静态调试

静态调试是指在没有外加信号的条件下进行的直流测量和调试。通过测量各级晶体管的静态工作点，可以了解各三极管的工作状态，及时发现已经损坏的元器件，并及时调整电路参数，使电路工作状态符合设计要求。

（3）动态调试

动态调试是在静态调试的基础上进行的。在电路的输入端接入适当频率和幅值的信号，各级的输出端应有相应的输出信号。按照信号的流向逐级检查输出波形、参数和性能指标，如线性放大电路不应有非线性失真，波形产生和变换电路的输出波形应符合设计要求等。调试时，可由前级开始逐级向后检测，以便找出故障点，及时调整改进。

（4）指标测试

电路正常工作后，即可进行性能指标测试。根据设计要求，逐级测试性能指标实现情况，凡未能达到性能指标要求的，需分析原因并改进电路，以实现设计要求。

2. 注意事项

调试结果是否正确，很大程度上受测量是否正确和测量精度的影响。为了保证调试的效果，必须减小测量误差，提高测量精度。因此，调试过程中应注意以下的问题：

（1）正确使用电源的接地端。凡是使用地端接机壳的电子仪器进行测量，仪器的接地端应和放大器的接地端接在一起，否则仪器机壳引入的干扰不仅会使放大器的工作状态发生变化,而且会使测量结果出现误差。

(2) 尽可能使用屏蔽线。在信号比较弱的输入端,应尽可能使用屏蔽线。屏蔽线的外屏蔽层要接到公共地线上。

(3) 仪器的输入阻抗必须远大于被测处的等效阻抗。若测量电压所用仪器的输入阻抗小,则在测量时会引起分流,测量结果误差会很大。

(4) 测量仪器的带宽必须大于被测电路的带宽,否则,测试结果不能反映放大器的真实情况。

(5) 正确选择测量点。用同一台测量仪器进行测量时,测量点不同,由仪器内阻引起的误差大小将不同,因此要正确地选择测量点,以减小误差。

(6) 认真查找故障原因。当调试出现故障时,要认真查找故障原因,切不可遇到故障就拆掉线路重新安装,因为故障的原因没有解决,重新安装的电路仍可能存在各种问题。若是电路原理出现问题,即使重新安装也无法解决问题。应当把查找故障并分析故障原因看作一次极好的学习机会,通过它来不断提高自己分析问题和解决问题的能力,真正达到电子电路设计的目的。

### 3.3.3 数字电路的一般调试方法

数字电路多采用集成器件,并在数字逻辑实验箱多孔实验板上搭接电路并进行调试。数字电路的调试是按单元电路分别测试,但要把重点放在总体电路的关键部位。

**1. 调试步骤**

(1) 调试振荡电路,以便为系统提供标准的时钟信号。

(2) 调整控制电路,保证分频器、节拍发生器等控制信号产生电路能正常工作。

(3) 调试信号处理电路,如寄存器、计数器、累加器、编码器和译码器等,保证它们符合设计要求。

(4) 调整输出电路、驱动电路及各种执行机构,保证输出信号能推动执行机构正常工作。

**2. 注意事项**

数字电路因集成电路管脚密集,连线众多,各单元电路之间具有严格的时序关系,所以出现故障时不易查找原因。因此,调试过程中应注意以下问题:

(1) 检查易产生故障的环节。出现故障时,可以从简单部分逐级查找,逐步缩小故障点的范围,也可以通过对某些预知点的特性进行静态和动态测试来判断故障部位。

(2) 注意各部分电路的时序关系。对各单元电路的输入和输出波形的时序关系要十分熟悉,同时也要掌握各单元电路之间的时序关系,应对照设计的时序图,检查各点波形,尤其是要检查哪些是上升沿触发,哪些是下降沿触发,以及它们和时钟信号的关系。

(3) 检查电路能否自启动。注意时序逻辑电路的初始状态,检查电路能否自启动,应保证电路开机后顺利进入正常工作状态。

（4）注意元器件的类型。若电路中既有 TTL 电路，又有 MOS 电路，还有分立元件，要注意电源、电平转换及带负载能力等方面的问题。

# 3.4  安全用电

安全电压是指人体接触带电体时对人体各部分均不会造成伤害的电压值。安全电压的规定是从整体上考虑的，是否安全与人体的现时状态（主要是人体电阻）、触电时间长短、工作环境、人体与带电体的接触面和接触压力等有关。我国规定了 12 V、24 V、36 V 三个电压等级的安全电压级别，不同场所选用不同等级的安全电压。在用电过程中，一定要注意接地问题，掌握用电小常识，实现真正的用电安全。

## 3.4.1  用电小常识

### 1. 火线、零线、地线

火线也可以称为相线，就是带电的导线；零线也可以称为中性线，不带电；地线也可以称为保护线，其主要作用是将电流引入地下，以免人触碰后发生触电事故，另外还可用于雷电防护等。灯泡与三线之间的关系如图 3-4-1 所示，从上往下三条线分别是火线、地线和零线。

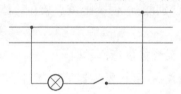

**图 3-4-1  灯泡和三线之间的关系**

火线和零线不能直接接在一起，否则会造成电路短路，烧毁电器，甚至造成人身伤害，所以火线和零线之间必须要连接负载。火线和零线之间可以形成 220 V 的电压，负载可以是灯泡、电热毯等需要 220 V 额定工作电压的电器。

检修电路的时候，零线和火线之间的电压是 220 V，地线和火线之间的电压也是 220 V，但是地线不能当零线使用，因为两者的作用不同。零线的主要作用是和火线构成回路，而地线的作用是保护电器，防止电器被雷击毁。火线跟地线也不能直接连在一起，否则会造成电路短路，甚至造成人体触电事故。

在检查一个回路的时候，由于零线或火线在未知地点因为未知的原因分断而难以判断火线和零线的时候，可以借助万用表，将万用表的一端连接地线，另一端连接火线或者零线来判断导线是否带电，即可分辨出火线和零线了。

火线通常使用黄、绿、红三种颜色绝缘皮的导线；零线通常使用蓝色绝缘皮的导线；地线通常可以使用黄色或绿色绝缘皮的导线，特殊情况也可以使用黑色绝缘皮的导线。

2. 插头及插座

插头和插座分为两孔系列、三孔系列和四孔系列。常见的插座如图3-4-2所示。

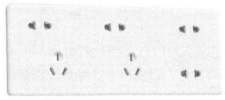

图3-4-2 常见的插座

（1）两孔插头及插座

两孔系列多用于小功率电器。两孔插座安装时的标准是左零右火，但两孔插头的电器在设计时都应该允许火线和零线互换。两孔插头的接线如图3-4-3所示，地线不用接，线头剪平即可。

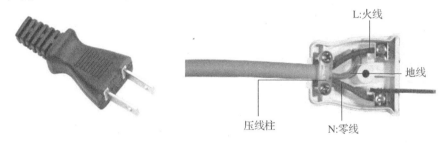

图3-4-3 两孔插头及其接线图

在使用过程中，两孔插头的两个孔是可以互换的，这是因为市电为交流电，是220 V的正弦信号，即使反插，接到电路里的效果也是一样的。

（2）三孔插头及插座

三孔系列多用于大功率电器。三孔插座两个并列的插孔分别接零线（左）和火线（右），另一个插孔接地线，在插头上对应这个插孔的插脚接电器的外壳，见图3-4-4。

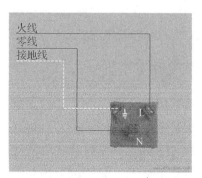

图3-4-4 三孔插头及其接线图

（3）四孔插头及插座

四孔插座又称为三相插座（见图 3-4-5）。三相插座的插座面板孔位是 4 孔（接 3 相火线和 1 根零线），供电电压一般为 380 V 交流电（多为工业中大部分交流用电设备使用）。三相电是电能的一种输送形式，全称为三相交流电源，是一组幅值相等、频率相等、相位角互相差 120°的三相电。

三相插座一般用于动力设备，提供 380 V 电压，当然也可根据需要选择两相使用，也就是通常说的 240 V 电压，但一般情况下不建议非专业人员变更使用相线，以免造成短路而出现事故。

三相插座包括底座及固定在其上的带有端子的金属触头和开有与每个触头相对应的插孔的外壳，其特征在于设有两个互补插座孔位，且外壳内侧各插孔之间设有隔离板。当三相插头插入一个插座孔位时发现相序不符，则插入另一个插座孔位，其相序就可相符，不需要打开插头或设备进行翻线。

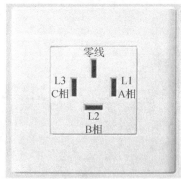

图 3-4-5  四孔插头、四孔插座及接线图

### 3.4.2  安全电流

电击对人体的危害程度主要取决于通过人体的电流大小和通电时间长短，一般默认安全电流为 10 mA。安全电流又称安全流量或允许持续电流，人体安全电流即通过人体的电流的最低值。一般 1 mA 的电流通过人体时人就会有感觉，25 mA 以上的电流通过人体时人就很难摆脱，而 50 mA 的电流就会令人有生命危险，可以导致心脏停止和呼吸麻痹。

### 3.4.3  安全用电措施

为了更好地使用电能，防止触电事故的发生，一定要了解和掌握必要的电气安全知识，建立和健全必要的电气安全工作制度，并切实采取一些安全用电措施：

（1）各种电气设备，尤其是移动式电气设备，应建立经常的与定期的检查制度，如发现故障或与有关规定不符合时，应及时处理。

（2）使用各种电气设备时，应严格遵守操作制度。不得将三孔插头擅自改为两孔插头，也不得将线头直接插入插座内用电。

（3）尽量不要带电工作，特别是危险场所（如工作在 250 V 以上的导体等），一定不要带电工作。如果不得不带电工作时应采取必要的安全措施，如站在橡胶垫上或穿绝缘橡胶靴，附近的其他导电体或接地处都应用橡胶布遮盖，并需有专人监护等。

（4）各种安装运行的电气设备必须严格按照电气设备接地的范围对设备的金属外壳采取接地或者接零措施，以确保人身安全。如果借用自来水管作接地体，则必须保证自来水管与地下管道有良好的电气连接，中间不能有塑料等不导电的接头。绝对不得利用煤气管道作为接地体或接地线使用。另外还须注意家用电器插头的火线、零线应与插座中的火线、零线一致。插座规定的接法为：面对插座看，上面的插孔接地线，左边的插孔接零线，右边的插孔接火线。

（5）在低压线路或用电设备上做检修和安装工作时，应随身携带低压试电笔；分清火线、地线，断开导线时，应先断火线后断地线，搭接导线时的顺序则相反。人体不得同时接触两根线头。

（6）开关熔断器、电线、插座、灯头等坏了就要及时修好，平时不要随便触摸。在移动电风扇、电烙铁以及仪器等设备时，先要拔出插头，切断电源。开关必须装在火线上。

（7）电气设备的保险丝（熔断器）要与该设备的额定工作电流相适应，不能配装过大电流的熔丝，更不能用其他金属丝随意代替。闸刀开关的保险丝要用保护罩加以保护。

# 4 电子电路设计基本方法

## 4.1 电子电路的识图方法

电子电路的识图就是对电路进行分析。识图能力体现了学生对所学知识的综合应用能力,通过识图,开阔了视野,可以提高评价性能优劣的能力和系统集成的能力,为电子电路在实际中的应用提供有益的帮助。

### 4.1.1 电路图简介

一张电路图通常有几十乃至几百个元器件,它们的连线纵横交叉,形式变化多端,初学者往往不知道该从什么地方开始,怎样才能读懂它。其实电子电路本身有很强的规律性,不管多复杂的电路,经过分析都可以发现,它是由少数几个单元电路组成的。就像孩子们玩的积木,虽然只有十来种或二三十种积木块,可是在孩子们手中却可以搭成几十乃至几百种平面图形或立体模型。

1. 电路图的概念

电路图又称为电路原理图,是一种反映电子设备中各元器件的电气连接情况的图纸。电路图由一些抽象的符号按照一定的规则构成。通过对电路图的分析和研究,可以了解电子设备的电路结构和工作原理。因此,看懂电路图是学习电子技术的一项重要内容,是进行电子制作或维修的前提。

2. 电路图的构成要素

一张完整的电路图是由若干要素构成的,这些要素主要包括图形符号、文字符号、连线以及注释性字符等。下面以图 4-1-1 所示的无线话筒电路图为例,作进一步的说明。

(1) 图形符号

图形符号是构成电路图的主体。图 4-1-1 中的各种图形符号代表了组成无线话筒的各个元器件,例如小长方形"—□—"表示电阻器,两道短杠"—┤├—"表示电容器,连续的半圆形"—〰—"表示电感器等。各个元器件图形符号之间用连线连接起来,就可以反映出无线话筒的电路结构,即构成了无线话筒的电路图。

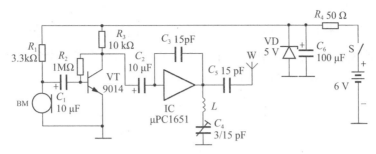

图 4-1-1　无线话筒电路图

**（2）文字符号**

文字符号是电路图的重要组成部分。为了进一步强调图形符号的性质，同时也为了分析、理解和阐述电路图的方便，在各个元器件的图形符号旁标注有该元器件的文字符号。例如，"R"表示电阻器，"C"表示电容器，"L"表示电感器，"VT"表示晶体管，"IC"表示集成电路等。

**（3）注释性字符**

注释性字符也是电路图的重要组成部分，用来说明元器件的数值大小或者具体型号。例如图 4-1-1 中，通过注释性字符我们即可知道，电阻器 $R_1$ 的数值为 3.3 kΩ，电容器 $C_1$ 的数值为 10 μF，晶体管 VT 的型号为 9014，集成电路 IC 的型号为 μPC1651 等。

**3. 电路图的画法规则**

除了规定统一的图形符号和文字符号外，电路图还遵循一定的画法规则。了解并掌握电路图的一般画法规则，对于看懂电路图是必不可少的。

**（1）电路图的信号处理流程方向**

电路图中信号处理流程的方向一般为从左到右，即将先后对信号进行处理的各个单元电路按照从左到右的方向排列，这是最常见的排列形式。例如图 4-1-1 中，从左到右依次为话音信号接收（BM）、音频放大（VT）、高频振荡与调制（IC）等单元电路。

**（2）连接导线**

元器件之间的连接导线在电路图中用实线表示。导线的连接与交叉如图 4-1-2 所示。图 4-1-2(a)中横竖两导线交点处画有一圆点，表示两导线连接在一起。图 4-1-2(b)中两导线交点处无圆点，表示两导线交叉而不连接。导线的丁字形连接如图 4-1-2(c)所示。

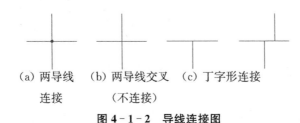

(a) 两导线　　(b) 两导线交叉　　(c) 丁字形连接

连接　　　　（不连接）

图 4-1-2　导线连接图

（3）电源线与地线

电路图中通常将电源线安排在元器件的上方，将地线安排在元器件的下方，如图 4-1-3(a)所示。有的电路图中不将所有地线连在一起，代之以一个个孤立的接地符号，如图 4-1-3(b)所示，对此应理解为所有地线符号是连接在一起的。

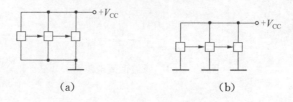

(a)　　　　　　　　　　(b)

**图 4-1-3　电源线与地线连接图**

## 4.1.2　识图步骤

掌握了以上的基础知识，就可以对电路图进行完整的分析了。下面介绍看电路图的基本方法与步骤。

在分析电子电路图时，首先将整个电路分解成若干具有独立功能的单元电路，进而弄清楚每一单元电路的工作原理和主要功能；然后分析各单元电路之间的联系，从而得出整个电路所具有的功能和性能特点，必要时再进行定量估算。

1. 了解功能

了解所读电路用途，对于分析整个电路的工作原理、各部分功能以及性能指标均有指导意义。对于已知电路均可根据其使用场合来大概了解其主要功能，有时还可以了解电路的主要性能指标。

2. 判断信号处理流程方向

根据电路图的整体功能，找出整个电路图的总输入端和总输出端，即可判断出电路图的信号处理流程方向。

3. 划分单元电路

一般来讲，晶体管、集成电路等是各单元电路的核心元器件。因此，可以以晶体管或集成电路等主要元器件为标志，按照信号处理流程方向将电路图分解为若干个单元电路，并据此画出电路原理方框图。方框图有助于掌握和分析电路图。

4. 单元电路分析

分析各单元电路的工作原理和主要功能。分析功能不但要求读者能够识别电路的类型，还要能分析电路的性能特点，这是确定整个电路功能和性能的基础。

5. 分析直流供电电路

电路图中通常将电源安排在右侧，直流供电电路按照从右到左的方向排列。

6. 整体电路分析

首先，将各单元电路用框图表示，并采用适合的方式如文字、表达式、曲线、波形等表述其功能;然后,根据各单元电路的联系将框图连接起来,得到整体电路的方框图。由方框图不仅能直观地看出各单元电路如何相互配合以实现整体电路的功能,还可定性地分析出整个电路的性能特点。

7. 性能估算

对各单元电路进行定量估算,从而得到整个电路的性能指标。从估算过程可以获知每一单元电路对整体电路的哪一性能产生怎样的影响,为调整、维修和改进电路打下基础。

### 4.1.3　电路的基本分析方法

1. 基本电路

以模拟电路为例,基本电路包括:基本放大电路、电流源电路、集成运算放大电路、有源滤波电路、正弦波振荡电路、电压比较器、非正弦波发生电路、波形变换电路、信号转换电路、功率放大电路、直流电源。

2. 基本分析方法

(1) 小信号情况下的等效电路法

用半导体的低频小信号模型取代放大电路交流通路中的三极管,即可得到放大电路的交流等效电路,由此可估算放大倍数、输入电阻和输出电阻。

(2) 反馈的判断方法

反馈的判断包括有无反馈、反馈元件、正反馈和负反馈、直流反馈和交流反馈、电压反馈和电流反馈、串联反馈和并联反馈。正确判断电路中引入的反馈是读电路的基础。

(3) 集成运放应用电路的识别方法

根据集成电路处于开环还是闭环及反馈的性质,可以判断电路的基本功能。若引入负反馈,则构成运算电路,可实现信号的比例、加法、减法、积分、微分、指数、对数、乘法和除法等运算功能;若引入正反馈或处于开环状态,则构成电压比较器,可实现波形变换功能。

(4) 运算电路运算关系的求解方法

在运算电路中引入深度负反馈时,可认为集成运放的净输入电压为零(即虚短),净输入电流为零(即虚断)。以虚短和虚断为基础,利用基尔霍夫电流定律或叠加定理即可求出输出与输入的运算关系式。

(5) 电压比较器电压传输特性的分析方法

分析电压比较器的电压传输特性可采用三要素法,即输出的高低电平、阈值电压和输出电压在输入电压过阈值时的跃变方向。

(6) 波形发生电路的判振方法

对于正弦波振荡电路,首先判断波形发生电路的基本组成是否包含了基本放大电路、反馈网络、选频网络和稳幅环节,然后判断放大电路是否处于放大模式,再判断电路是否符合正弦波振荡的相位条件,最后看幅值条件是否满足。只有上述条件都满足,电路才能产生稳定振荡。

（7）功率放大电路最大输出功率和转换效率的分析方法

首先求出最大不失真输出电压，然后求出负载最大输出功率，再求得电源的平均功率，输出功率与电源的平均功率之比即为转换效率。

（8）直流电源的分析方法

直流电源的分析方法包括整流电路、滤波电路、稳压管稳压电路、串联型直流稳压电路、三端稳压电路和开关型稳压电路的分析方法。针对不同的电路应分别采用对应的分析方法，得出它们的主要参数。

## 4.2　认识面包板和万能板

面包板、万能板是电子设计实验中常用的两种电路连接载体。

### 4.2.1　面包板

面包板是实验室中用于搭接电路的一个重要载体，熟练掌握面包板的使用方法是提高实验效率、减少实验故障出现概率的重要基础之一。下面就面包板的结构和使用方法做简单介绍。

1. 面包板的外观

如图4-2-1所示，常见的最小单元面包板分上、中、下三部分，上部分和下部分一般是由一行或两行的插孔构成的窄条，中间部分是由一条隔离凹槽和上、下各5行的插孔构成的宽条。面包板插孔所在的行、列分别以数码和文字标注，以便查对。

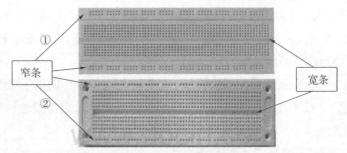

图4-2-1　面包板的外观

2. 面包板的内部结构

窄条上、下两行之间电气不连通。每5个插孔为一组（通常称为"孤岛"），面包板上通常有10组。这10组"孤岛"一般有3种内部连通结构：

（1）左边5组内部电气连通，右边5组内部电气连通，但左右两边之间不连通，这种结构通常称为5-5结构。

（2）左边3组内部电气连通，中间4组内部电气连通，右边3组内部电气连通，但左边3组、中间4组及右边3组之间是不连通的，这种结构通常称为3-4-3结构。

（3）还有一种结构是 10 组"孤岛"都连通，这种结构最简单。

窄条的外观及结构如图 4－2－2 所示。

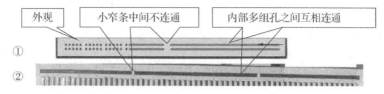

**图 4－2－2　面包板窄条的外观及结构**

宽条由中间一条隔离凹槽和上、下各 5 行的插孔构成。在同一列中的 5 个插孔是互相连通的，列和列之间以及凹槽上、下两部分之间是不连通的。宽条的外观及结构如图 4－2－3 所示。

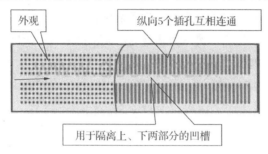

**图 4－2－3　面包板宽条的外观及结构**

**3. 面包板的使用**

使用面包板的时候，通常是两窄一宽组成小单元，在宽条部分搭接电路的主体部分，上部的窄条取一行做电源，下部的窄条取一行做地线。使用时要注意窄条的中间有不连通的部分。图 4－2－4 为 5－5 面包板的整体结构示意图。

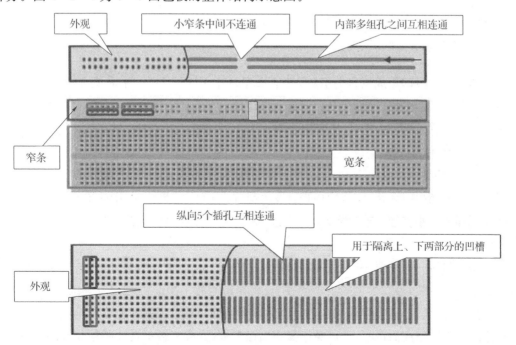

**图 4－2－4　5－5 面包板的整体结构示意图**

在搭接数字电路时,有时由于电路的规模较大,需要使用由多个宽条和窄条组成的大面包板,但在使用时同样是两窄一宽同时使用,两个窄条的第一行和地线连接,第二行和电源相连。由于集成块电源一般在上部,接地在下部,如此布局有助于将集成块电源脚和上部第二行窄条相连,接地脚和下部窄条的第一行相连,以减少连线长度和跨接线数量。中间宽条用于连接电路,由于凹槽上、下两部分是不连通的,所以集成块一般跨插在凹槽上。

4. 面包板布线的几个原则

在面包板上完成电路搭接时,不同的人有不同的风格。但是,无论什么风格、习惯,完成的电路搭接都必须注意以下几个基本原则:

(1) 连接点越少越好,每增加一个连接点实际上就人为地增加了故障概率。面包板孔内不连通、导线松动、导线内部断裂等都是常见故障。

(2) 方便测试,5 组"孤岛"一般不要占满,至少留出一个孔,用于测试。

(3) 布局尽量紧凑,信号流向尽量合理。

(4) 布局尽量与原理图近似,这样有助于查找故障时尽快找到元器件位置。

(5) 电源区使用尽量清晰。在搭接电路之前,首先将电源区划分成正电源、地、负电源三个区域,并用导线完成连接。

5. 导线的剥头和插法

面包板宜使用直径 0.6 mm 左右的单股导线,根据导线的距离以及插孔的长度剪断导线,要求线头剪成 45°斜口,线头剥离长度约 6 mm,全部插入底板以保证接触良好。裸线不宜露在外面,防止与其他导线短路。

6. 集成块的插法

由于集成块引脚间的距离与插孔位置有偏差,必须预先调整好位置,小心插入金属孔中,不然会引起接触不良,而且会使铜片位置偏移,插导线时容易插偏。此原因引起的故障占总故障的 60% 以上。

对多次使用过的集成电路的引脚,必须修理整齐,引脚不能弯曲,所有的引脚应稍向外偏,这样能使引脚与插孔可靠接触。所有集成电路的插入方向要保持一致,不能为了临时走线方便或缩短导线长度而把集成电路倒插。

7. 分立元件的插法

安装分立元件时,应便于看到其极性和标志,将元件引脚理直后,在需要的地方折弯。为了防止裸露的引线短路,必须使用带套管的导线,一般不剪断元件引脚,以便于重复使用。一般不要插入引脚直径大于 0.8 mm 的元器件,以免破坏插座内部接触片的弹性。

8. 导线选用及连线要求

根据信号流向的顺序,采用边安装边调试的方法。元器件安装之后,先连接电源线和地线。为了查找方便,连线尽量采用不同颜色,例如正电源采用红色绝缘皮导线,负电源采用蓝色,地线采用黑色,信号线采用黄色。当然,也可根据条件,选用其他颜色。

连线要求紧贴在面包板上,以免碰撞弹出面包板,造成接触不良。必须使连线在集成电路周围通过,不允许跨接在集成电路上,也不得使导线互相重叠在一起,尽量做到横平竖直,这样有利于查线、更换元器件及连线。

9. 电源处理

最好在各电源输入端与地之间并联一个容量为几十微法的电容,这样可以减少瞬变过程中电流的影响。为了更好地抑制电源中的高频分量,应该在电容两端再并联一个高频去耦电容,一般取 $0.01\sim0.047\ \mu F$ 的独石电容。

面包板的标准搭接样本展示如图 4-2-5 和图 4-2-6 所示。

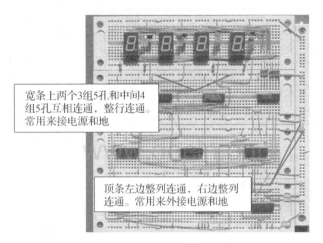

宽条上两个3组5孔,和中间4组5孔互相连通,整行连通。常用来接电源和地

顶条左边整列连通,右边整列连通。常用来外接电源和地

**图 4-2-5　面包板标准搭接样本展示 1**

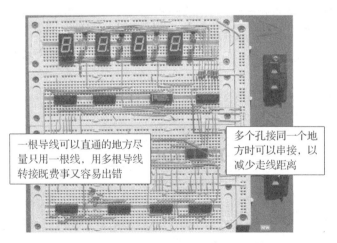

一根导线可以直通的地方尽量只用一根线,用多根导线转接既费事又容易出错

多个孔接同一个地方时可以串接,以减少走线距离

**图 4-2-6　面包板标准搭接样本展示 2**

10. 辅助工具与器材

在使用面包板连接电路时,需要使用面包板、剥线钳、偏口钳、扁嘴钳、镊子、直径为 0.6 mm 的单股导线等工具与器材,如图 4-2-7 所示。

偏口钳与扁嘴钳配合用来剪断导线和元器件的多余引脚。钳子刃面要锋利,将钳口合上,对着光检查时应合缝不漏光。剥线钳用来剥离导线绝缘皮。扁嘴钳用来弯绞或理直导线,钳口要略带弧形,以免在勾绕时划伤导线。镊子用来夹住导线或元器件的引脚送入面包板指定位置。

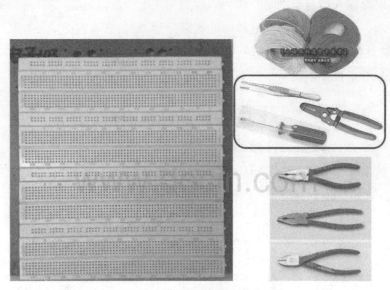

图 4 - 2 - 7　面包板及辅助工具

### 4.2.2　万能板

在设计开发电子产品的时候,由于需要做一些实验,让厂家打印 PCB 板太慢,而且实验阶段经常改动也不方便,因此就诞生了万能板。

万能板是按照固定距离在一个 PCB 板上布满焊盘孔,每个焊盘孔之间没有连接,如图 4 - 2 - 8 所示。

图 4 - 2 - 8　万能板

使用的时候,把器件焊接在万能板上面,然后用电烙铁把需要连接的管脚连接起来,这样就组成了一个电路,如图 4 - 2 - 9 所示。

图 4-2-9 用万能板连接电路

万能板焊接时,一般使用插件电子器件,使用贴片封装的电子器件容易造成短路。另外,万能板只能作为临时实验测试使用,由于其容易老化、易折损,不能够作为真正产品使用。随着科技的进步,现在 PCB 板的打印很方便,价格也不贵,因此越来越多的人选择使用打印的 PCB 板。

电路焊接方法详见 4.4 节。

## 4.3 印制电路板的设计工艺与制作

印制电路板是电子元器件的载体,在电子产品中既起到支撑与固定元器件的作用,也起到元器件之间的电气连接作用,任何一种电子设备几乎都离不开印制电路板。随着电子技术的发展,制板技术也在不断进步。

制板技术通常包括电路板的设计、选材、加工处理三部分,三者中任何一个环节出现差错都会导致电路板制作失败,因此掌握制板技术对于从事电子设计的工作者来说很有必要,特别是对本科学生来说,掌握手工制板技术,就可以在实验室把自己的创作灵感迅速变成电子设计作品。

### 4.3.1 印制电路板简介

#### 1. 印制电路板的种类

印制电路板按其结构形式可分为 4 种:单面印制板、双面印制板、多层印制板和软印制板。4 种印制板各有优劣,各有其用。单面印制板和双面印制板的制造工艺简单、成本较低、维修方便,适合实验室手工制作,可满足低档电子产品和部分高档产品的部分模块电路的需要,应用较为广泛,如电视机主板、空调控制板等。

多层印制板安装元器件的容量较大,而且导线短、直,利于屏蔽,还可大大减小电子产品的体积。但是其制造工艺复杂,对制板设备要求非常高,制作成本高且损坏后不易修复。因此其应用仍然受限,主要应用于高档设备或对体积要求较高的便携设备,如计算机主板、显卡、手机电路板等。

软印制板包括单面板和双面板两种,制作成本相对较高,并且由于其硬度不高,不便于固定安装和焊接大量的元器件,因此通常不用于电子产品的主要电路板中。但由于其特有的软度和薄度,给电子产品的设计与使用带来了很大的方便。目前,软印制板主要应用于活动电气连接场合和替代中等密度的排线(如手机显示屏排线、MP3 或 MP4 播放器的显示屏排线等)。

2. 印制电路板的基材

印制电路板是由电路基板和表面敷铜层组成。用于制作电路基板的材料通常简称基材。将绝缘的、厚度适中的、平板性较好的板材表面采用工业电镀技术均匀地镀上一层铜箔后便成了未加工的电路板,又叫敷铜板,如图 4-3-1 所示。在敷铜板铜箔表面贴上一层薄薄的感光膜后便成了常用的感光板,如图 4-3-2 所示。不论是敷铜板还是感光板,其基材的好坏都直接决定了制成电路板的硬度、绝缘性能、耐热性能等,而这些特性又往往会影响电路板的焊接与装配,甚至影响其电气性能。因此,在制作电路板之前,首先必须根据实际需要选择一种由合适的基材制成的敷铜板或感光板。

(a) 单面敷铜板　　　　　　　　　　(b) 双面敷铜板

图 4-3-1　敷铜板

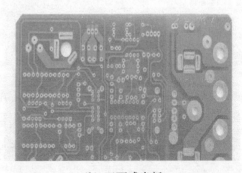

(a) 单面感光板　　　　　　　　　　(b) 双面感光板

图 4-3-2　感光板

高压电路应选择高压绝缘性能良好的电路基板;高频电路应选择高频信号损耗小的电路基板;工业环境电路应选择耐湿性能良好、漏电小的电路基板;低频、低压电路及民用电路应选择经济型电路基板。

实验室用的单面感光板的基板一般采用环氧-芳族聚酰胺纤维材料制成。该类基板的绝缘性较好、成本低、硬度高、合成工艺简单、耐热、耐腐蚀,尺寸通常为 15 cm×10 cm,但该类基板较脆、易裂,裁切时要小心操作。

双面感光板基板通常由环氧-玻璃纤维材料制成。该类基板柔韧性好、硬度较高、介电常数高、成本低,尺寸通常为 15 cm×10 cm,但其导热性能较差。

### 4.3.2 制板技术简介

制板技术是指依据 PCB 图将敷铜板加工成印制电路板的技术。按照制板方法的不同,制板技术大致可分为两大类:手工制板技术和工业制板技术。

1. 手工制板技术

手工制板技术主要指借助小型的制板设备,使用敷铜板或感光板依照 PCB 图加工成印制电路板的技术。该技术容易掌握、耗材少、成本低、速度快、不受场地限制,但由于其不适合批量加工且精度偏低,因此这种技术主要应用于学校制作实验板。

1) 多功能环保型快速制板系统制板法

多功能环保型快速制板系统是一种集单/双面板曝光、显影、蚀刻、过孔于一体的快速制板系统,使用该系统制板具有操作简便、制作速度快、成功率高、环保无污染等几大优点。使用该系统制板时一般采用感光板,主要操作流程如下:

(1) 打印 PCB 图

用黑白激光打印机将 PCB 图以 1:1 的比例打印在菲林纸上,如图 4-3-3 所示。单面板需打印一张,即底层(Bottom Layer)和多层(Multi-Layer);双面板需打印两张,一张为底层(Bottom Layer)和多层(Multi-Layer),另一张为顶层(Top Layer)和多层(Multi-Layer),其中打印顶层时需选择镜像打印。

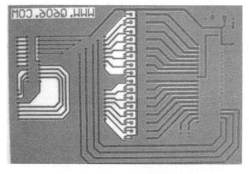

图 4-3-3 双面板菲林图

图 4-3-4 裁板刀

（2）PCB 图对孔

双面板需将打印好的顶层图和底层图的两张菲林纸裁剪合适（每边多留 2 cm 左右），打印面相对朝内合拢，对着光线校准焊盘，使顶层和底层菲林图的焊盘重合并用透明胶带将两张菲林图粘贴到一起，粘贴时应粘相邻两边或两条窄边和一条长边，粘好后再次仔细进行校对。单面板则无须进行对孔操作。

（3）裁剪感光板

根据 PCB 图的大小，用裁板刀（见图 4-3-4）或锯条等工具切割一块大小合适的感光板（板面大小以每边超出 PCB 图中最边沿信号线 5 mm 左右为宜）。

（4）感光板曝光

①单面板曝光时，开启曝光机电源开关，抽出曝光抽屉并打开盖板，撕去感光板的保护膜，将感光板放在抽屉玻璃板中心，使涂有深绿色感光剂的一面朝上，然后将菲林图的黑色图面朝向感光板铺好，并使该图位于板面中心。盖上抽屉盖板，关上左右铁栓并按下曝光机面板上的抽真空按钮，待抽屉中图纸和感光板基本吸紧后将抽屉推到底。按下曝光机上的【开始】按钮开始曝光，屏幕上会显示曝光倒计时时间，曝光结束后按操作台上任意键退出。

②双面板曝光时，开启曝光机电源开关，抽出曝光抽屉并打开盖板，撕去感光板两面的保护膜，将感光板塞入已贴好的两张菲林纸中的适当位置（所有线路均在感光板范围内并居中）。将感光板连同菲林纸一起置于曝光抽屉已打开的玻璃板中心位置，盖上抽屉盖板，关上左右铁栓，按下曝光机面板上的抽真空按钮，待抽屉中图纸和感光板基本吸紧后将抽屉推到底。按下曝光机上的【开始】按钮开始曝光，屏幕上会显示曝光倒计时时间，曝光结束后按操作台上任意键退出。

（5）感光板显影

感光板显影是使曝光的感光膜脱落，保留有电路线条部分的感光膜。感光板曝光结束后，抽出曝光机抽屉，弹起抽真空按钮，打开抽屉铁栓，取出感光板，撕去菲林纸，在感光板边角位置钻一个直径 1.5 mm 左右的孔，用绝缘硬质导线穿过此孔，拴住感光板，放入显影槽中进行显影。然后，打开制板机的显影加热和显影气泡开关，加快显影速度，提高显影效果，每隔 30 s 将感光板取出观察，待感光板上留下了绿色的线路，其余部分全部露出红色的铜箔，表示显影完毕。显影完毕后应立即用清水冲洗板面残留的显影液，不得用任何硬物擦拭。

（6）蚀刻感光板

感光板蚀刻就是使没有感光膜保护的铜箔腐蚀脱落，留下有感光膜保护住的铜箔线条。有绿色感光剂附着的铜箔不会被腐蚀，裸露的铜箔则被蚀刻液腐蚀而脱落。感光板开始蚀刻时，拿住拴板的细导线，将电路板浸没在蚀刻液中进行腐蚀，每 3 min 左右拿出来观察一次，待电路板上裸露的铜箔全部腐蚀完毕即可。注意：操作时应防止电路板掉入蚀刻槽内，如不需过孔可直接进行第（8）步操作。

（7）过孔

过孔是将电路板的孔壁均匀镀上一层镍，使电路板上、下两层线路连通。将蚀刻好的电路板用清水冲洗后晾干，使用防镀笔在电路板表层涂抹防镀液，涂完后烘干，重复涂抹烘干三次，使防镀层达到一定厚度。防镀液烘干后先进行第（8）步的钻孔操作，完成后用清水冲洗电路板，再进行如下操作：表面处理剂处理→清水冲洗→活化处理→清水冲洗→剥膜处理→清水冲洗→前处理，以上操作完成后可将电路板用绝缘细线拴住，置于过孔槽中进行镀镍，镀镍完成后（约需 30~60 min），用清水冲洗电路板并晾干，再将电路板表面均匀涂抹一层酒精松香溶液即可。至此，电路板制作完毕。

（8）钻孔

将蚀刻好的电路板洗净、擦干，用台钻（见图 4-3-5）钻好焊盘中心孔、过孔及安装孔。注意：钻孔时要确保钻头中心和孔中心对准。

（9）电路板线路处理

电路板线路处理是指除去线路表面的感光膜，防止铜箔线氧化。在进行电路板处理时，用海绵蘸上适量的酒精，擦拭电路板表面，待绿色感光膜全部溶解，露出红色的铜箔线路即可。为防止铜箔氧化，可在电路板表面均匀地涂抹一层酒精松香溶液，如图 4-3-6 所示。

图 4-3-5　台钻

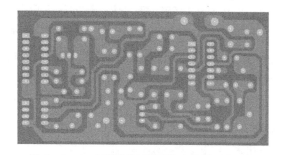

图 4-3-6　已涂酒精松香溶液的单面电路板

2）感光板简易制板法

感光板简易制板法速度快、耗材少、成本低、制作工艺简单，可用来制作单面板和双面板，但不能过孔。该方法使用的化学药剂腐蚀性较强，制板过程中需要带橡胶手套，并须防止化学药剂溅到皮肤或衣物上。主要操作流程如下：

（1）执行 PCB 图打印，PCB 图对孔、裁板、曝光等操作。

（2）显影。用自配的 NaOH 溶液显影，使感光膜上已曝光的感光膜脱落。带上橡胶手套，用手握住感光板，将其浸没在 NaOH 溶液中，左右晃动，并实时观察显影情况。待感光板上只剩下绿色的线路，露出红色的铜箔即可。然后将电路板取出，用清水冲洗并烘干。

（3）蚀刻。将电路板上露出的铜箔在酸液中腐蚀掉，留下感光膜保护住的线路。该步骤采用的是浓盐酸、双氧水和清水的混合酸溶液（1：1：3）。此溶液腐蚀性极强，进行蚀刻时要带好橡胶手套,将电路板握住并置于配好的腐蚀液中进行蚀刻。蚀刻时要一直观察蚀刻情况,待红色铜箔完全蚀刻脱落后取出电路板,用清水冲洗后晾干。

(4) 钻孔。钻好电路板上的焊盘中心孔、过孔和安装孔。

(5) 电路板线路处理。

3) 热转印制板法

热转印制板法是一种速度快、成本低、设备少、使用普通敷铜板就能加工的制板方法,但该方法不方便对孔,只适用于制作单面板。主要操作流程如下:

(1) 打印 PCB 图。用黑白激光打印机将 PCB 图以 1:1 的比例打印在热转印纸或相纸光面上(打印底层和多层)。

(2) 裁剪电路板。根据 PCB 图的尺寸,用裁板机或锯条等工具切割一块大小合适的电路板,板面大小以每边超出 PCB 图中最边沿信号线 5 mm 左右为宜。

(3) 热转印。热转印是指将打印出的 PCB 线路图通过加热加压的方法从纸上转移至电路板的铜箔上。

①将裁好的敷铜板铜箔面用细砂纸打磨光滑,去掉氧化层,并用纸巾将表面擦拭干净。

②将图纸的打印面朝向铜箔面,并使线路位于敷铜板的正中位置,用透明胶带将热转印纸和敷铜板粘牢。

③将敷铜板连同热转印纸一同塞入已预热的热转印机中进行热转印。待转印完成后冷却 2 min 左右即可剥去热转印纸,此时,转印纸上黑色的线条便已脱落粘贴到敷铜板的铜箔上。若没有热转印机可用熨斗代替。使用熨斗时注意不能喷水,熨斗加热面必须用力压在热转印纸上并来回慢慢移动,务必保证每个部位都压到,转印时间约需 3 min。

(4) 蚀刻。蚀刻是指将有黑色碳粉附着的铜箔线路保护起来,并将未保护的铜箔全部腐蚀掉。用小型台钻在电路板的边角位置钻一个直径 1.5 mm 左右的孔,用绝缘细导线将电路待裸露的红色铜箔全部腐蚀掉即可。蚀刻液可采用盐酸和双氧水、三氯化铁等。

(5) 钻孔。

(6) 电路板线路处理。

4) 雕刻机制板法

雕刻机制板法是通过专用控制软件导入 PCB 图,控制雕刻刀将敷铜板表面不需要的铜箔剔除的制板方法。该方法操作简单、自动化程度高、不需要化学药剂,但是由于其制作成本高、噪声大、时间长、精度低,因而使用较少。一般来说,用此方法制作一块 100 cm² 左右的中等密度的电路板就需要 2~4 h。

雕刻机(见图 4-3-7)制板的主要操作流程如下:

图 4-3-7 雕刻机

（1）将 PCB 文件导入雕刻机控制软件中。

（2）将敷铜板固定在雕刻机的台面上，敷铜面朝上。选择合适的刀具，并在软件界面上选择相应的刀具尺寸。

（3）利用控制软件对雕刻机进行定位，使雕刻机的活动范围在敷铜板的范围内。

（4）在软件界面上调整好刀具深度等参数，单击【开始】按钮即可进入自动雕刻。雕刻过程中如出现过深或过浅的情况可使用雕刻机面板上的旋钮进行实时调整。

（5）雕刻完毕后更换钻头，设置好板厚等参数，单击【钻孔】按钮进行钻孔操作。

（6）钻孔完毕后，如需裁边，更换刀具并单击【裁边】按钮进行电路板的裁剪处理。

（7）对雕刻好的电路板进行去氧化膜和防氧化处理。

2. 工业制板技术

工业制板技术近些年来发展迅速，许许多多的工业制板设备不断涌入市场，给印制电路板的制作带来了很大的方便。工业制板技术主要包含小型工业制板技术和工厂批量制板技术两大种类。

1）小型工业制板技术

小型工业制板技术是利用成本较低的小型设备，制作几乎符合工业制板标准的电路板的一种技术。采用这种技术制成的电路板在外观和性能上都比手工制板强得多，几乎可与工厂制板相媲美。但是，这种制板技术的工序比较复杂，并且制作周期也较长，因而在实验室制板中并不常用。下面简单介绍小型工业制板的主要流程。

（1）数控钻孔

根据生成的 PCB 文件的钻孔信息，快速、精确地完成钻孔任务。具体操作如下：

①裁板下料。根据 PCB 图的大小裁板，每边多留 20 mm 左右以便粘贴胶布。

②固定电路板。用透明胶将电路板固定在数控钻孔机的平台上，尽量横平竖直。

③定位。打开钻孔软件，结合软件和钻头的位置，给钻头设定一个在电路板上的原点，并使用软件定位功能，使钻孔机的最大运动范围都在电路板板面上。

④钻孔。单击软件中的【钻孔】按钮直至钻孔完成。

⑤处理。取下电路板，抛光、烘干。

（2）化学沉铜

通过一系列化学处理方法在非导电基材上沉积一层铜，继而通过后续的电镀方法加厚，使之达到设计的特定厚度。具体操作如下：

①预浸。为有效湿润孔壁，增加孔壁上的电荷量，需将烘干后的电路板用挂钩挂好并置于碱性溶液预浸槽中，打开设备相应的开关，等待预浸完成后取出烘干。

②黑孔。将烘干后的电路板浸入装有高密度碳溶液的黑孔槽中，打开设备相应的开关，使孔壁能吸附较多的高密度碳，增强孔壁导电性，操作完毕后取出烘干。

③微蚀。将烘干后的电路板置于装有有机酸溶液的微蚀槽中约 40 s，然后取出电路板并用水冲洗，抹去板面上的高密度碳后进行烘干。

④加速。将烘干后的电路板置于有机酸加速槽中约 10 s 即可去除板面上的氧化层,取出电路板并用清水冲洗后烘干。

（3）化学电镀铜

利用电解的方法使电路板表面以及孔内形成均匀、紧密的金属铜。具体操作如下:

①电键铜。将烘干的电路板用夹子夹住并置于镀铜溶液中,设置好设备镀铜电流（1.5～4 dm²），等待约 20～30 min,直到都镀上铜为止。

②处理。取出电路板,用清水冲洗后烘干并抛光。

（4）转移线路图

将菲林纸上的线路图转移到电路板上。具体操作如下:

①打印菲林图。用激光打印机将设置好的 PCB 图以 1∶1 的比例打印到菲林纸上（单面板只需打印一张图,包含 Bottom Layer、Multi-Layer、Keep-Out Layer；双面板还需要打印一张图,包含 Top Layer、Multi-Layer、Keep-Out Layer,打印时要选择镜像打印）。

②印刷感光油墨。用黄色丝网在丝网机上给电路板的铜箔面刮上一层感光油墨,并用烘干机烘干。

③曝光显影。将菲林图与电路板贴好（黑色线条面朝向感光油墨面,保证所有焊盘的孔与板上的孔对齐）,置于曝光机中曝光,双面板的两面都要曝光；曝光完成后将电路板置于显影槽中显影,显影完毕后电路板上便留下绿色线路（即未被曝光的感光油墨）,已曝光部分则露出红色铜箔。取出电路板用清水冲洗并烘干。

（5）电路板蚀刻

将电路板上线路以外的铜去掉,留下由未曝光的感光油墨覆盖住的线路图。蚀刻液为碱性腐蚀液,主要成分为氯化铵。具体操作如下:

①蚀刻。将电路板置于蚀刻槽中,打开设备相应的开关进行加热和对流,以加快蚀刻速度。蚀刻完成后电路板上只剩下表层为绿色的线路,线路以外的铜箔已被腐蚀,露出基板的本色。

②抛光。将蚀刻好的电路板用清水冲洗后再用抛光机抛光并烘干。

（6）化学电镀锡

化学电镀锡主要是为了在可用电路板的焊盘和铜箔线上镀上一层锡,防止铜箔被氧化,同时有效地增强电路板的可焊接性（如不需要镀锡,跳过此步骤即可）。具体操作如下:

①去膜。用海绵蘸上酒精,将附着在铜箔线路表层的感光油墨擦除,露出红色铜箔。

②镀锡。将电路板置于镀锡槽中进行镀锡,方法与步骤（3）的化学电镀铜相同。

③处理。镀锡完成后将电路板清洗并烘干即可。

（7）丝网印刷

在电路板上印刷感光阻焊油墨和热固化文字油墨（不需要刷阻焊层和文字油墨时可跳过此步骤）。具体操作如下:

①感光阻焊油墨印刷。选择白色丝网,电路板固定在丝网下方,调整高度使电路板和丝网接近并相平,用刮刀在电路板上的丝网表面来回刮一次感光阻焊油墨,取出电路板烘干,

然后用菲林图(只保留焊盘层并反白打印)盖住电路板并对齐后进行曝光和显影,使焊盘部分裸露出来即可,取出电路板烘干。

②热固化文字油墨。文字油墨印刷与感光阻焊油墨印刷的方法类似,只是打印菲林图时要注意选择需要打印的层。

2) 工厂批量制板技术

工厂批量制板技术通常建立在昂贵的制板设备的基础上,它具有生产成本低、速度快、效率高、精度高等特点。但由于其设备多,加工数量大,通常需要许多的人力参与,因此一般来说,工厂的电路板生产都采用流水线的形式进行。由于工厂批量制板过程较为复杂,下面只对其主要流程进行简要的描述。

(1) 下料。将电路板按照规定尺寸切割后进行磨边、酸性除油除尘、微蚀、风干等操作,以保证板材的稳定性、干净度等。

(2) 开孔。使用 CCD 自动钻孔机将板材上所有孔按照实际大小和位置开好,并重新对电路板进行水洗、风干、整平等操作。

(3) 光绘。通过专用机器将需要加工的 PCB 图制成 PCB 线路图胶片。

(4) 曝光、显影。将胶片上的线路转移到电路板上,使电路板的线路部分附着防腐蚀的膜,显影完后进行水洗、风干。

(5) 蚀刻。将电路板上非线条部分的铜箔腐蚀,剩下铜箔线条,并进行水洗、风干。

(6) 镀铜。将电路板通过化学药剂处理后先进行孔化,使电路板的孔壁镀上薄薄的一层铜,再采用电镀方法继续对孔壁和线路部分的铜箔进行加厚。镀铜完后继续水洗、风干。

(7) 丝网印刷。根据 PCB 图制作好需要印刷文字的丝网和印刷阻焊层油墨的丝网。将阻焊层印刷完后烘干,再进行文字印刷并烘干。

(8) 焊盘处理。将焊盘部分的铜箔氧化层去除后,用锡锅或喷锡的方式给电路板的焊盘和过孔均匀地镀上一层锡。如果需要镀金,则应使用电镀方法先给焊盘镀上一层薄薄的镍后再镀上足够厚的金。

(9) 飞针测试。使用飞针测试仪对已制好的电路板进行测试,以确保线路无短路、断路情况。

(10) 切板、磨边。将制好的电路板按机械边框大小切割后将电路板的四边打磨平整,并进行水洗、风干等操作。

(11) 出厂检验、包装。将制好的电路板按规格和数量使用塑料薄膜进行打包,防止运输磨损等。

因此,工厂制板一般要达到一定的数量才会启动设备制作。

### 4.3.3 制板要求

1. 实验室制板要求

实验室制板主要是满足实验课程、课程设计、电子设计竞赛、创新实践活动的需要。由于实验板对场地、环境、使用寿命、工艺精度等要求不高,因此市场上所有的敷铜板、感光板都能满足实验室制板的需要。

目前,大部分高校均采用蚀刻制板系统或雕刻机制板,这两种制板设备在制板时存在工艺精度低,金属化过孔、丝印、阻焊、镀锡处理复杂等问题。为保证 PCB 板制作的成功率,实验室制板要求如下:

(1) 线宽一般应大于 0.5 mm。

(2) 焊盘外径一般大于 2 mm。

(3) 过孔尽量少,直径一般应大于 1.8 mm。

(4) 两线之间的距离大于 0.25 mm。

(5) 两焊盘中心距大于 2.5 mm。

(6) 尽量设计成单面板。

(7) 双面板顶层应尽量少走线。

(8) 实验室制板一般不具备金属化过孔的制作条件,可采用人工过孔的方法,即在过孔上焊短路线,将板的两边的焊盘连接在一起。

(9) 板面尺寸设计适当。

(10) 制板过程中的每个环节都应认真细致,规范操作。

如果不按以上要求操作,可能造成制作的电路板短路、断线、焊接困难等问题,甚至会造成人员皮肤受伤、衣物受损等安全事故。

2. 民用产品和工业设备制板要求

民用产品和工业设备均属于产品,在制板方面相对来说要求比较高。选择制作产品的电路板时必须综合考虑其质量、使用寿命、使用环境等因素。从这些方面综合考虑,要求电路板在设计与制作时必须做到设计合理(保证原理的正确性、保证大功率发热元器件正常工作、保证大电流线路宽度、抗干扰性强等)、铜箔质量好、板材质量优、抗腐蚀性和抗振动性强等。

总之,实验室的电路设计如需用在产品中,则制板方面需要考虑的因素大大增加,要设计出一款成熟、稳定、经得起考验、性价比高的产品还是非常不简单的。

# 4.4  焊接技术及工艺

各种电子产品都是由一个个小小的电子元器件和电路组成的,只要有一个焊点虚焊就是不合格的产品。虽然大批量生产电子产品已采用自动化焊接,工艺水平高,质量有保证,但在生产、生活和制作、修理中,手工焊接的地位还是无法取代的。焊接技术是学生进行电子产品制作时十分重要的基本功,提高焊接质量,不仅提高了电子产品的制作质量,而且能使学生养成遵守操作规程的良好习惯和质量意识,为今后的电子产品制作理论学习与实践创造良好的开端。

### 4.4.1 焊接工具

**1. 电烙铁**

**（1）电烙铁的分类**

电烙铁是手工焊接的基本工具，是根据电流通过发热元件产生热量的原理而制成的，一般分为外热式和内热式两种，另外还可分为恒温式、吸锡式等类型。外热式电烙铁的烙铁头是插在电热丝里面的，加热较慢，但相对比较牢固。内热式电烙铁的烙铁芯是在烙铁头里面的，如图4-4-1所示。烙铁芯通常采用镍铬电阻丝绕在瓷管上制成，外面再套上耐热绝缘瓷管。烙铁头的一端是空心的，它套在烙铁芯的外面，用弹簧夹紧固。由于烙铁芯装在烙铁头内部，热量完全传到烙铁头上，因此内热式电烙铁升温快，热效率高达85%～90%，烙铁头部温度可达350 ℃左右，20 W内热式电烙铁的实用功率相当于25～40 W的外热式电烙铁。

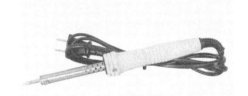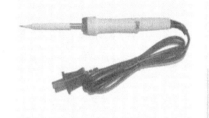

**图4-4-1　内热式电烙铁**

**（2）烙铁头的选择与修整**

选择烙铁头的依据是：应使它尖端的接触面积小于焊接处（焊盘）的面积。烙铁头接触面过大，会使过多的热量传导给焊接部位，损坏元器件及印制板。一般来说，烙铁头越长、越尖，则温度越低，焊接所需的时间越长；反之，烙铁头越短、越粗，则温度越高，焊接所需的时间越短。

烙铁头经过一段时间的使用后，由于高温和助焊剂的作用，烙铁头会被氧化，使表面凹凸不平，这时就需要修整。修整的方法一般是将烙铁头拿下来，根据焊接对象的形状及焊点的密度，确定烙铁头的形状和粗细。可用锉刀修整，修整过的烙铁头要马上镀锡。

**（3）电烙铁的摆放**

进行焊接操作时，电烙铁一般放在方便操作的右方烙铁架中，与焊接有关的工具应整齐有序地摆放在工作台上。

内热式电烙铁的常用规格有20 W、30 W、50 W等几种。电工电子实验室中常用的是30 W内热式电烙铁。

**2. 焊接材料**

焊接材料一般包括焊料、焊剂和阻焊剂。

**（1）焊料**

焊料是易熔金属，熔点低于被焊金属。焊料熔化时，在被焊金属表面形成合金而与被焊金属连接到一起。焊料按成分可分为锡铅焊料、铜焊料、银焊料等。在一般电子产品装配中,主要使用锡铅焊料,俗称焊锡。

手工焊接常用的焊锡丝是将焊锡制成管状,内部充加助焊剂,如图4-4-2所示。

图4-4-2　焊锡丝

(2) 焊剂

焊剂又称为助焊剂,一般由活化剂、树脂、扩散剂、溶剂4部分组成。它是清除焊件表面的氧化膜、保证焊锡浸润的一种化学剂,其作用是除去氧化膜、防止氧化、减小表面张力、使焊点美观。

(3) 阻焊剂

阻焊剂是一种耐高温的涂料,使焊料只在需要的焊点上进行焊接,把不需要焊接的部位保护起来,起到一种阻焊作用。印制板上的绿色涂层即为阻焊剂。

### 4.4.2　焊接技术

1. 电烙铁的使用方法

(1) 电烙铁的握法

根据电烙铁大小的不同以及焊接操作时的方向和工件不同,可将手持电烙铁的握法分为反握法、正握法和握笔法三种,如图4-4-3所示。为了人体的安全,烙铁离开鼻子的距离通常以30 cm为宜。反握法动作稳定,长时间操作不宜疲劳,适用于大功率烙铁的操作。正握法适用于中等功率烙铁或带弯头电烙铁的操作。一般在工作台上焊印制板等被焊件时,多采用握笔法。

(a) 反握法　　　　　(b) 正握法　　　　　(c) 握笔法

图4-4-3　电烙铁的握法

（2）焊锡的基本拿法

焊锡一般有两种拿法。焊接时，一般左手拿焊锡，右手握电烙铁。进行连续焊接时采用图4-4-4(a)的拿法，这种拿法可以连续向前送焊锡丝。图4-4-4(b)所示的拿法一般在只焊接几个焊点或断续焊接时使用，不适用于连续焊接。

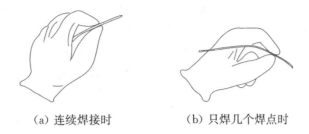

（a）连续焊接时　　　　　（b）只焊几个焊点时

图4-4-4　焊锡的基本拿法

2. 焊接操作步骤

1）手工锡焊过程

手工锡焊过程通常归纳为"一刮、二镀、三测、四焊"。

（1）"刮"就是处理焊接对象的表面。焊接前，应先对被焊件表面进行清洁处理，有氧化层的要刮去，有油污的要擦去。

（2）"镀"就是对被焊部位进行搪锡处理。

（3）"测"是指对搪过锡的元件进行检测，检测其在电烙铁的高温下是否损坏。

（4）"焊"是指最后把测试合格的、已完成上述三个步骤的元器件焊到电路中去。焊接完毕要进行清洁和涂保护层，并根据对焊接件的不同要求进行焊接质量检查。

2）五步操作法

手工炀焊作为一种操作技术，必须通过实际训练才能掌握，对于初学者来说进行五步操作法训练是非常必要的。五步操作法如图4-4-5所示。

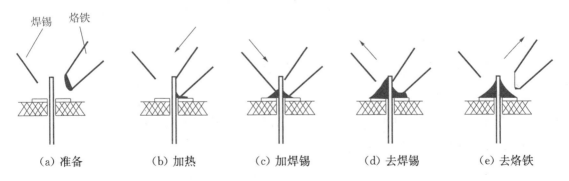

（a）准备　　　（b）加热　　　（c）加焊锡　　　（d）去焊锡　　　（e）去烙铁

图4-4-5　五步操作法

（1）准备施焊。准备好工具和被焊材料，电烙铁加热到工作温度，烙铁头保持干净，一手握烙铁，一手拿焊锡丝，电烙铁与焊料分居于被焊工件两侧。

（2）加热焊件。烙铁头放在两个被焊件的连接处，停留1～2 s，使被焊部位均匀受热，不要施加压力或随意拖动烙铁。在印制板上焊接元器件时要注意使烙铁头同时接触焊盘和元器件的引线。

（3）加入焊丝。当工件被焊部位升温到焊接温度时，送上焊锡丝并与工件焊点部位接触，熔化并润湿焊点。

（4）移去焊丝。熔入适量焊丝（被焊件上已形成一层薄薄的焊料层）后，迅速向外斜上45°方向移去焊丝。该步是掌握焊锡量的关键。

（5）移开烙铁。移去焊丝后，约 3～4 s，在助焊剂（焊锡丝内一般含有助焊剂）还未挥发完之前，迅速以与轴向成 45°方向移去烙铁，否则将得到不良焊点。该步是掌握焊接时间的关键。

3）焊接操作注意事项

（1）保持烙铁头清洁。为防止烙铁头氧化，要随时将烙铁头上的杂质除掉，保持清洁。

（2）搭焊锡桥。在烙铁头上保持少量的焊锡，作为加热时烙铁头与被焊件之间传热的桥梁，可以加快加热的速度，减小对焊盘和工件的损伤。

（3）不施压。用烙铁头对被焊件施压并不能加快加热速度，反而会对被焊件造成损伤。

（4）保持静止移走。焊接后要保持被焊件静止，直到焊料凝固成型，否则易造成焊点疏松，导电性能差。

（5）控制好焊丝和烙铁。焊丝和烙铁都要向后 45°方向（方向相反）及时移去。焊丝加入过少，会造成焊接不牢；加入过多，则易形成短路。烙铁加热时间过短，会造成虚焊；加热时间过长，则会造成焊剂失效、焊盘脱落、元器件损坏。

（6）不要将焊料加到烙铁头进行焊接。焊料长时间放在烙铁头上会造成焊料氧化、助焊剂失效，导致焊接失败。

4）良好焊点的要求

（1）具有良好的导电性。

（2）具有一定的机械强度。焊好后可用镊子轻摇元器件脚，观察有无松动现象。

（3）焊点表面光亮、清洁，形状近似圆锥形。焊点元器件脚全部浸没，其轮廓又隐约可见。

（4）焊点不应有毛刺和空隙。

3. 拆焊

拆焊是将已焊好的元器件从焊盘拆除。调试和维修中常需要更换一些元器件，拆焊同样是焊接工艺中的一个重要工艺手段。

1）拆焊工具

拆焊中一般要使用的工具有：吸锡绳、吸锡筒、吸锡电烙铁等。

2）拆焊操作要点

严格控制加热的温度和时间，以保证元器件不受损坏或焊盘不致翘起、断裂。拆焊时不要用力过猛，否则会损坏元器件和焊盘。可用吸焊工具吸去焊点上的焊料。在没有吸锡工具的情况下,可以用电烙铁将焊锡粘下来。

3) PCB 板上元器件的拆焊方法

(1) 分点拆焊法:用电烙铁对焊点加热,逐点拔出。该方法适用于相互之间距离较远的焊点。

(2) 集中拆焊法:用电烙铁同时快速交替加热几个焊接点,待焊锡熔化后一次性拔出。该方法适用于相互之间距离较近的焊点。

(3) 捅开焊盘孔:拆焊后如果焊盘孔堵塞,应用针等尖锐物在加热情况下,从铜箔面将孔穿通(严禁从 PCB 板面捅穿孔);或将多余的焊锡去掉后,用尖的烙铁修一下焊盘孔,使孔穿通,再插进元器件引线或导线进行重焊。

4) 一般焊接点的拆焊方法

(1) 保留拆焊法:是需要保留元器件引线和导线端头的拆焊方法,适用于钩焊、绕焊。

(2) 剪断拆焊法:是沿着焊接元件引脚根部剪断的拆焊方法,适用于可重焊的元件或连接线。

## 4.4.3 PCB 板焊接

1. 焊接前准备

(1) 元器件引线表面清理

元器件在焊接前要进行表面清理,清除污物,去除氧化层。导线要先剥去外皮,镀锡以备用。部分开关、插座和电池仓极片引脚等也要先镀锡。

(2) PCB 板和元器件检查

装配前应对 PCB 板和元器件进行检查。

①PCB 板检查

检查内容包括:图形、孔位及孔径是否与图纸符合,有无断线、缺孔等,表面处理是否合格,有无污染或变质。

②元器件检查

检查内容包括:元器件品种、规格及外封装是否与图纸吻合,元器件引线有无氧化、锈蚀。

(3) 元器件引线成型

元器件在装插前需弯曲成型。弯曲成型的要求是根据 PCB 板孔位的远近,将元器件引脚弯曲成合适的形状。

2. 元器件插装与焊接

(1) 焊接 PCB 板一般选用内热式(20～35 W)或恒温式电烙铁,烙铁头常用小型圆锥烙铁,烙铁头应修整窄一些,使焊一个端点时不会碰到相邻端点,并随时保持烙铁头的清洁和镀锡。

(2) 工作台上如果铺有橡胶皮、塑料等易于积累静电的材料,则不宜把 MOS 集成电路芯片及 PCB 板放在台面上。

（3）元器件的摆放方法有卧式摆放和立式摆放两种。元器件引脚弯曲时不要贴近根部，以免弯断。所有的安装过程中，在没有特别指明的情况下，元器件必须从 PCB 板正面装入。PCB 板上的元器件符号图指出了每个元器件的位置和方向，根据元器件符号的指示，按正确的方向将元器件引脚插入 PCB 板的焊盘孔中，在 PCB 板的另一面将元器件引脚焊接在焊盘上。

（4）将弯曲成型的元器件插入对应的孔位中进行焊接。加热时，应尽量使烙铁头同时接触 PCB 板上的铜箔和元器件引线。对较大焊盘，焊接时烙铁可绕焊盘移动，以免长时间停留导致焊盘局部过热而脱落。耐热性差的元器件应使用工具辅助散热。

（5）焊好后剪去多余引线，注意不要对焊点施加剪切力以外的其他力。检查 PCB 板上所有元器件引线焊点，修补缺陷。

（6）集成电路若不使用插座，而是直接焊到 PCB 板上，则安全焊接顺序为：接地端→输出端→电源端→输入端。

3. 焊接方法

（1）正确的焊接方法

①将烙铁头靠在元器件引脚和焊盘的接合部（所有元器件从焊接面焊接）。

②烙铁头上带有少量焊料，这样可使烙铁头的热量较快传到焊点上。将焊点加热到一定温度后，将焊锡丝触到焊接件处，熔化适量的焊料；焊锡丝应从烙铁头的对称处加入。

③当焊锡丝适量熔化后，迅速移开焊锡丝，当焊点上的焊料流散接近饱满，助焊剂完全挥发，也就是焊点上的温度最适当、焊锡最光亮、流动性最强的时刻，迅速移开电烙铁。

④焊锡未冷却时不移动 PCB 板。

（2）不良的焊接方法

①焊锡过量。容易将不应连接的端点短接，如图 4-4-6(a)所示。

②加热温度不够。焊锡不向被焊金属扩散以生成金属合金。

③焊锡量不够。造成焊点不完整，焊接不牢固，如图 4-4-6(b)所示。

④焊锡桥接。焊锡流到相邻通路，造成线路短路。这个错误用烙铁横过桥接部位即可纠正。

 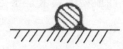 

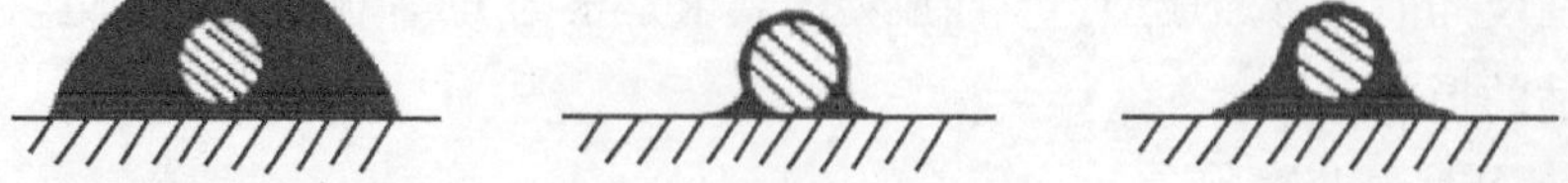

(a) 焊锡过多，容易造成短接　(b) 焊锡过少，焊点强度差　(c) 合适的焊锡量，合格的焊点

图 4-4-6　焊接示例图

### 4.4.4　导线焊接

1. 焊接前处理

（1）剥线

用剥线钳或普通偏口钳剥线时要注意对单股线不应伤及导线，多股线及屏蔽线不断线，否则将影响接头质量。对多股线剥除绝缘层时要注意将线芯拧成螺旋状，一般采用边拽边拧的方式。剥线的长度应根据工艺要求进行操作。

（2）预焊

预焊是导线焊接的关键步骤。导线的预焊又称为挂锡，导线挂锡时要注意边上锡边旋转，旋转方向要与拧合方向一致。多股导线挂锡时要注意"烛心效应"，即焊锡浸入绝缘层内，造成软线变硬，容易导致接头故障。

2. 导线焊接方式

（1）绕焊

绕焊是把经过镀锡的导线端头在接线端子上缠一圈，用钳子拉紧缠牢后进行焊接的一种方式，如图4-4-7所示。绕接时注意导线一定要紧贴端子表面，绝缘层不接触端子，导线留1～3 mm为宜。

（2）钩焊

钩焊是将导线端子弯成钩形，钩在接线端子上并用钳子夹紧后进行焊接的一种方式，如图4-4-8所示。钩焊强度低于绕焊，但操作简单。

（3）搭焊

搭焊是把经过镀锡的导线搭到接线端子上进行焊接的一种方式，如图4-4-9所示。搭焊最简便，但强度和可靠性也最差，仅用于临时连接或不便于绕焊和钩焊的地方以及某些接插件上。

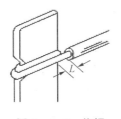 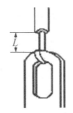 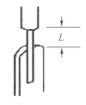

图4-4-7　绕焊　　　　图4-4-8　钩焊　　　　图4-4-9　搭焊

3. 导线焊接形式

（1）导线-接线端子的焊接

通常采用压接钳压接，但对于某些无法压接连接的场合可采用绕焊、钩焊或搭焊等焊接方式。

（2）导线-导线的焊接

主要以绕焊为主。对于粗细不等的两根导线，应将较细的导线缠绕在较粗的导线上；对于粗细差不多的两根导线,应一起绞合。

（3）导线-片状焊件的焊接

片状焊件一般都有焊线孔,往焊片上焊接导线时要先将焊片、导线镀上锡,焊片的孔要堵死,将导线穿过焊孔并弯曲成钩形,然后再用电烙铁焊接,不应搭焊。

（4）导线-杯形焊件的焊接

杯形焊件的接头多见于接线柱和接插件,一般尺寸较大且常和多股导线连接,焊前应对导线进行镀锡处理。

（5）导线-槽、柱、板形焊件的焊接

此类焊件一般没有供绕线的焊孔,可采用绕、钩、搭接等连接方法。每个接点一般仅接一根导线,焊接后都应套上合适尺寸的塑料套管。

（6）导线-金属板的焊接

将导线焊到金属板上,关键是往板上镀锡,要用功率较大的烙铁或增加焊接时间。

（7）导线-PCB 板的焊接

在 PCB 板上焊接众多导线是常有的事,为了提高导线与板上焊点的机械强度,避免焊盘或印制导线因直接受力而被拽掉,导线应通过 PCB 板上的穿线孔从元件面穿过,再焊在焊盘上。

## 4.4.5  焊接质量检查及常见缺陷

焊接是电子产品制造中最主要的一个环节,一个虚焊点就可能造成整台仪器设备的失效,而要在一台有成千上万个焊点的设备中找出虚焊点来不是件容易的事。据统计,现在电子设备仪器故障中的近一半是由于焊接不良引起的。

1. 焊点的质量检查

（1）焊点外观要求

如图 4-4-10 所示是两种典型焊点外观,其共同要求是:

①外形以焊接导线为中心,匀称,呈裙形拉开。

②焊料的连接面呈半弓形凹面,焊料与焊件交界处平滑,接触角尽可能小。

③表面有光泽且平滑。

④无裂痕、针孔和夹渣。

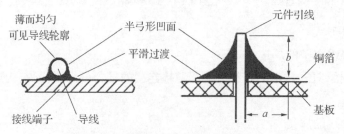

**图 4-4-10  典型焊点外观**

（2）焊点外观检查

除用目测（或借助放大镜、显微镜观测）检查焊点是否满足上述要求外，还需检查以下几点：

①漏焊；

②焊料拉尖；

③焊料引起导线间短路（即桥接）；

④导线及元器件绝缘的损伤；

⑤布线整形；

⑥焊料飞溅。

检查时还需采用指触、镊子拨动、拉纤等方法检查有无导线断线、焊盘剥离等缺陷。

2. 常见焊点缺陷及原因分析

造成焊点缺陷的原因有很多，在材料与工具一定的情况下，采用什么焊接方式以及操作者是否有责任心是决定性的因素。表4-4-1给出了导线端子焊点的常见缺陷。

表4-4-1 常见的焊点缺陷及原因分析

| 焊点缺陷 | 外观特点 | 危害 | 原因分析 |
|---|---|---|---|
|  过热 | 焊点发白，表面较粗糙，无金属光泽 | 焊盘强度降低，容易剥落 | 烙铁功率过大，加热时间过长 |
|  冷焊 | 表面呈豆腐渣状颗粒，可能有裂纹 | 强度低，导电性能不好 | 焊料未凝固前焊件抖动 |
|  拉尖 | 焊点出现尖端 | 外观不佳，容易造成桥连短路 | 1. 助焊剂过少而加热时间过长<br>2. 烙铁撤离角度不当 |
| 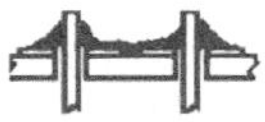 桥连 | 相邻导线连接 | 电气短路 | 1. 焊锡过多<br>2. 烙铁撤离角度不当 |
|  铜箔翘起 | 铜箔从PCB板上剥离 | PCB板已被损坏 | 焊接时间过长，温度过高 |
|  虚焊 | 焊锡与元器件引脚和铜箔之间有明显黑色界线，焊锡向界线凹陷 | 设备时好时坏，工作不稳定 | 1. 元器件引脚未清洁好、未镀好锡或锡氧化<br>2. PCB板未清洁好，喷涂的助焊剂质量不好 |

| 焊点缺陷 | 外观特点 | 危害 | 原因分析 |
|---|---|---|---|
| 焊料过多 | 焊点表面向外凸出 | 浪费焊料,可能包藏缺陷 | 焊丝撤离过迟 |
| 焊料过少 | 焊点面积小于焊盘面积的80%,焊料未形成平滑的过渡面 | 机械强度不足 | 1. 焊锡流动性差或焊锡撤离过早<br>2. 助焊剂不足<br>3. 焊接时间太短 |

**3. 焊点通电检查及试验**

焊点通电检查必须在外观检查及连线检查无误后才可进行。焊点通电检查可以发现许多微小的缺陷,例如通过目测观察不到的电路桥接,但对于内部虚焊类的隐患则不容易察觉。

### 4.4.6 电子工业生产中的焊接技术简介

**1. 浸焊**

浸焊是将装好元器件的PCB板在熔化的锡锅内浸锡,一次完成PCB板上所有焊点的焊接方法。浸焊有手工浸焊和机器自动浸焊两种形式。

**1) 手工浸焊**

手工浸焊是由操作者手持夹具将需焊接的已插好元器件的PCB板浸入锡槽内来完成的。手工浸焊的操作流程为:

(1) 准备锡槽

将锡槽的温度控制在250 ℃左右,加入锡焊条,通电熔化;及时去除锡焊层表面的氧化薄膜。

(2) 准备PCB板

按照工艺要求将元器件插装到PCB板上,然后喷涂助焊剂并烘干,放入导轨。

(3) 浸锡操作

将PCB板沿导轨以15°倾角浸入锡锅,浸入深度是PCB板厚度的50%~70%,浸入时间约3~5 s,然后以15°倾角离开锡锅。

(4) 验收检查

待PCB板冷却后,检查焊点质量,对个别不良焊点用手工补焊。

(5) 修剪引脚

将PCB板送至切头机自动铲头,露出焊锡面的长度不超过2 mm。

**2) 机器自动浸焊**

机器自动浸焊是将插好元器件的PCB板用专用夹具安置在传送带上,PCB板先经过泡沫助焊剂槽喷上助焊剂,由加热器将助焊剂烘干,然后经过锡槽进行浸焊,待焊锡冷却凝固后将 PCB 板送到切头机剪去过长的引脚。

浸焊比手工焊接的效率高,设备也较简单,但由于锡槽内的焊锡表面是静止的,表面氧化物易粘在焊点上,并且 PCB 板被焊面全部与焊锡接触,温度高,易烫坏元器件并使 PCB 板变形,因此无法保证焊接质量。目前在大批量电子产品生产中浸焊已为波峰焊所取代,或在高可靠性要求的电子产品生产中作为波峰焊的前道工序。

2. 波峰焊

波峰焊是采用波峰焊机一次完成 PCCB 板上全部焊点的焊接。波峰焊机的主要结构是一个温度能自动控制的熔锡缸,缸内装有机械泵和具有特殊结构的喷嘴。机械泵能根据焊接要求,连续不断地从喷嘴压出液态锡波,当 PCB 板由传送机构以一定速度进入时,焊锡以波峰的形式不断地溢出至 PCB 板面进行焊接。

波峰焊是目前应用最广泛的自动化焊接工艺,与机器自动浸焊相比较,其最大的特点是锡槽内的焊锡不是静止的,熔化的焊锡在机械泵(或电磁泵)的作用下由喷嘴源源不断地流出而形成波峰,波峰焊的名称即由此而来。波峰即顶部的焊锡无丝毫氧化物和污染物,在传动机构移动过程中,PCB 板分段、局部地与波峰接触焊接,避免了浸焊工艺存在的缺点,使焊接质量得到保证,焊点的合格率可达 99% 以上。在现代工厂企业中波峰焊已取代了大部分的传统焊接工艺。

波峰焊的操作流程为:准备→装件→焊剂涂敷→预热→焊接→冷却→铲头→清洗。

(1)准备

包括元器件引线搪锡、成型及 PCB 板的准备等,与手工焊接相比,它对印制的要求更高,以适应波峰焊的要求。

(2)装件

一般采用流水作业的方法插装元器件,即将加工成型的元器件分成若干个工位,插装到 PCB 板上。插装形式可分为手工插装、半自动插装和全自动插装。

(3)焊剂涂敷

为了提高被焊表面的润湿性和去除氧化物,需要在 PCB 板焊接面喷涂一层焊剂。喷涂形式一般有发泡式、喷流式和喷雾式等。

(4)预热

为使 PCB 板上的助焊剂加热到活化点,必须预热。同时,预热还能减少 PCB 板焊接时的热冲击,防止板面变形。预热的形式主要有热辐射和热风式两种。PCB 板预热温度一般控制在 90℃ 左右,PCB 板与加热器之间的距离为 50~60 mm。

(5)焊接

PCB 板进入波峰区时,PCB 板与焊料波峰做相对运动,板面受到一定的压力,焊料润湿引线和焊盘,在毛细管效应的作用下形成锥形焊点。

（6）冷却

PCB 板经过焊接后，板面温度仍然很高，此时焊点处于半凝固状态，稍微受到冲击和振动都会影响焊点的质量。另外，高温时间太长也会影响元器件的质量。因此，焊接后必须进行冷却处理，一般采用风扇冷却。

（7）清洗

波峰焊完成之后，对板面残留的焊剂等沾污物要及时清洗，否则在进行焊点检查时，不易发现渣孔、虚焊、气泡等缺陷，残留的助焊剂还会造成对插件板的侵蚀。清洗方法有多种，现在使用较普遍的有液相清洗法和气相清洗法两种。

3. 再流焊

再流焊，也叫回流焊，主要用于表面安装片状元器件的焊接。这种焊接技术的焊料是焊锡膏。先将焊料加工成一定粒度的粉末，加上适当液态黏合剂和助焊剂，使之成为有一定流动性的糊状焊膏，用它将元器件粘在 PCB 板上，通过加热使焊锡膏中的焊料熔化并再次流动，从而将元器件焊接到 PCB 板上。

再流焊加工的是表面贴装的 PCB 板，其流程较复杂，可分为单面贴装和双面贴装两种。具体操作流程为：

（1）单面贴装：预涂焊锡膏→贴片→再流焊→检查及电测试。

（2）双面贴装：A 面预涂焊锡膏→贴片→再流焊→B 面预涂焊锡膏→贴片→再流焊→检查及电测试。

# 4.5　电子产品装配工艺

电子产品的装配是将各种电子元器件、机电元件以及结构件，按照设计要求安装在规定的位置上，组成具有一定功能的完整的电子产品的过程。

## 4.5.1　装配要点

要正确装配电子产品，需要掌握以下几个要点：

（1）了解电子产品装配内容、级别、特点及其发展。

（2）熟悉电路板装配方式、整机装配过程。

（3）熟悉整机连接与整机质检内容。

（4）学会元器件的加工与安装方法。

（5）掌握电子产品电路板的装配技能。

（6）掌握电子产品的整机装配技能。

### 4.5.2　装配内容与级别

1. 装配内容

(1) 单元电路的划分。

(2) 元器件的布局。

(3) 各种元件、部件、结构件的安装。

(4) 整机联装。

2. 装配级别

在装配过程中,根据装配单位的大小、尺寸、复杂程度和特点的不同,将电子设备的装配分成不同的等级,见表 4 - 5 - 1。

表 4 - 5 - 1　电子产品的装配级别

| 装配级别 | 特　　　　　　点 |
| --- | --- |
| 第 1 级(元件级) | 装配级别最低,结构不可分割,主要用于通用电路元器件、分立元器件、集成电路等 |
| 第 2 级(插件级) | 用于装配和互连第 1 级元器件,例如装有元器件的电路板及插件 |
| 第 3 级(插箱板级) | 用于安装和互连的第 2 级装配用插件或印制电路板部件 |
| 第 4 级(箱柜级) | 通过电缆及连接器互连的第 2、3 级装配。构成独立的有一定功能的设备 |

注:①在不同的等级上进行装配时,构件的含义会改变。例如:装配印制电路板时,电阻器、电容器、晶体管元器件是装配构件,而装配设备底板时,印制电路板是装配构件。

　②对于某个具体的电子设备,不一定各装配级别都具备,而是要根据具体情况来考虑应用到哪一级别。

### 4.5.3　装配特点与方法

1. 装配特点

电子产品属于技术密集型产品,装配电子产品有如下主要特点:

(1) 装配工作是由多种基本技术构成的,如元器件的筛选与引线成型技术、线材加工处理技术、焊接技术、安装技术、质量检验技术等。

(2) 装配质量在很多情况下是难以定量分析的,如对于刻度盘、旋钮等部件的装配质量多以手感来鉴定、以目测来判断。因此,掌握正确的安装操作方法是十分必要的。

(3) 装配者须进行训练和挑选,否则,由于知识缺乏和技术水平不高,就可能生产出次品,而一旦产品中混进次品,就不可能百分百地将其检查出来。

2. 装配方法

电子产品的装配不但要按一定的方案去进行,而且在装配过程中也有不同的方法可供采用。

(1) 功能法:是将电子产品的一部分放在一个完整的结构部件内去完成某种功能的方法。此方法广泛用于采用电真空器件的设备上,也适用于以分立元器件为主的产品或终端功能部件上。

(2) 组件法:是制造出一些在外形尺寸和安装尺寸上都统一的部件的方法。这种方法广泛用于统一电气安装工作中,可大大提高安装密度。

(3) 功能组件法:是兼顾功能法和组件法的特点,制造出既保证功能完整性又有规范化的结构尺寸的组件的方法。

### 4.5.4 元器件加工

元器件装配到印制电路板之前,一般都要进行加工处理,然后进行插装。良好的成型及插装工艺不但能使机器具有性能稳定、防振、减少损坏等优点,而且还能得到机内整齐美观的效果。

1. 预加工处理

元器件引线在成型前必须进行加工处理。主要原因是长时间放置的元器件,其引线表面会产生氧化膜,若不加以处理,会使引线的可焊性严重下降。引线的处理主要包括引线的校直、表面清洁及搪锡三个步骤。要求引线处理后,无伤痕、镀锡层均匀、表面光滑、无毛刺和焊剂残留物。

2. 引线成型

引线成型工艺就是根据焊点之间的距离,做成需要的形状,目的是使它能迅速而准确地插入孔内。元器件引线成型示意图如图 4-5-1 所示。

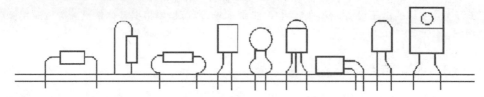

**图 4-5-1 元器件引线成型示意图**

引线成型的具体要求如下:

(1) 元器件引线开始弯曲处,离元器件端面的最小距离应不小于 2 mm。

(2) 弯曲半径不应小于引线直径的 2 倍。

(3) 怕热元器件的引线要增长,成型时应绕环。

(4) 元器件标称值应处在便于查看的位置。

(5) 成型后不允许有机械损伤。

### 4.5.5 元器件安装

电子元器件种类繁多,外形不同,引出线也多种多样,所以不同 PCB 板的安装方法也就有差异,必须根据产品的结构特点、装配密度、产品的使用方法和要求来决定。

1. 元器件安装的技术要求

(1) 元器件的标志方向应符合图纸规定,安装后应能看清元器件上的标志。若装配图上没有指明方向,则应使标志向外易于辨认,能按从左到右、从上到下的顺序读出。

（2）元器件的极性不得装错,安装前应套上相应的套管。

（3）安装高度应符合规定,同一规格的元器件应尽量安装在同一高度。

（4）安装顺序一般为先低后高,先轻后重,先易后难,先一般元器件后特殊元器件。

（5）电子元器件的标志和色码部位应朝上,以便于辨认;水平装配元器件的数值读法应保证从左至右,竖直装配元器件的数值读法则应保证从下至上。

（6）在 PCB 板上的元器件之间的距离不能小于 1 mm;引线间距要大于 2 mm,必要时,要给引线套上绝缘套管。对于水平装配的元器件,应使元器件贴在 PCB 板上,元器件离 PCB 板的距离要保持在 0.5 mm 左右;对于竖直装配的元器件,元器件离 PCB 板的距离要保持在 3～5 mm。元器件的装配位置要求上下、水平、垂直对齐和对称,做到美观整齐。

（7）元器件的引线直径与 PCB 板焊盘孔径应有 0.2～0.4 mm 的合理间隙。元器件插好后,引脚的弯折方向应与铜箔走线方向相同,如图 4-5-2 所示。

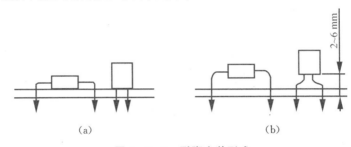

（a）　　　　　　　　　　（b）

**图 4-5-2　引脚安装形式**

（8）MOS 集成电路的安装应在等电位工作台上进行,以免产生静电而损坏器件。发热元器件不允许贴板安装,较大元器件的安装应采取绑扎、粘固等措施。

**2. 元器件的安装方法**

元器件的安装方法有手工安装和机械安装两种,前者简单易行,但效率低、误装率高;而后者的安装速度快、误装率低,但设备成本较高,引线成型要求严格。一般有以下几种安装形式:

（1）贴板安装

贴板安装指元器件贴紧印制基板面且安装间隙小于 1 mm 的安装方法。当元器件为金属外壳,安装面又有印制导线时,应加垫绝缘衬垫或套绝缘套管。该方法适用于防振要求高的产品。贴板安装形式如图 4-5-3 所示。

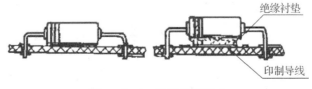

绝缘衬垫

印制导线

**图 4-5-3　贴板安装形式**

（2）悬空安装

悬空安装指元器件距印制基板面有一定高度且安装距离一般在 3～8 mm 范围内的安

装方法。该方法适用于发热元器件的安装,如图4-5-4所示。

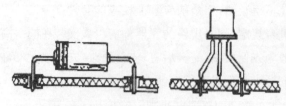

图 4-5-4　悬空安装形式

（3）垂直安装

垂直安装指元器件垂直于印制基板面的安装方法。该方法适用于安装密度较高的场合,如图4-5-5所示,但对于量大且引线细的元件不宜采用这种形式。

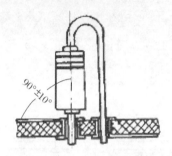

图 4-5-5　悬空安装形式

（4）埋头安装

埋头安装指元器件的壳体埋于印制基板的嵌入孔内的安装方法,因此又称为嵌入式安装,如图4-5-6所示。这种安装方法可提高元器件的防振能力,降低安装高度。

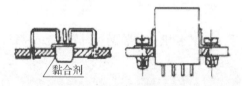

图 4-5-6　埋头安装形式

（5）支架固定安装

对于重量较大的元器件,如小型继电器、变压器、阻流圈等,一般用金属支架在印制基板上将元件固定,如图4-5-7所示。

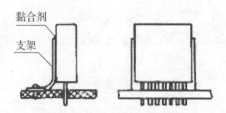

图 4-5-7　支架固定安装形式

（6）有高度限制时的安装

元器件安装高度的限制一般在图纸上是标明的，进行常规处理即可。对于大型元器件则要进行特殊处理，以保证有足够的机械强度，经得起振动和冲击。

3. 典型零部件的安装

（1）面板零件的安装

面板上调节控制所用的电位器、波段开关、安插件等通常都是螺纹安装结构，安装时要选用合适的垫圈，还要注意保护面板，防止紧固螺钉时划伤面板。

（2）功率器件的组装

功率器件工作时要发热，需依靠散热器将热量散发出去，其安装质量对传热效率影响较大。安装时，器件和散热器接触面要清洁平整，保证接触良好；接触部分要加硅脂；采用两个以上的螺钉安装时要按对角线轮流紧固，防止贴合不良。大功率晶体管由于发热量大，一般不宜安装在 PCB 板上。

（3）集成电路的插装

集成电路可以直接焊装到 PCB 板上，有时为了调修方便，也可以采用插装方式。插装时尽可能使用镊子等工具夹持，并通过触摸大件金属体的方式释放静电。要注意集成电路的方位，会读引脚顺序，正确放置集成电路。对准方位，仔细让每一引脚都与插座一一对应，再均匀施力将集成电路插入。拔取时应借助镊子等工具或双手两侧同时施力，拔出集成电路。

（4）二极管的安装

安装二极管时，除要注意极性外，还要注意外壳封装，特别是玻璃壳体易碎，引线弯曲时易裂，因此在安装时可将引线先绕 1～2 圈再装。对于大电流二极管，有的将引线体当作散热器，故必须根据二极管规格中的要求决定引线的长度，也不宜给引线套上绝缘套管。

注意：为区别晶体管的电极和电解电容的正负端，一般在安装时，应加上带有颜色的套管以示区别。

# 5 Multisim 的基本操作

Multisim 是美国国家仪器(NI)有限公司推出的以 Windows 为基础的仿真工具,适用于板级的模拟/数字电路板的设计工作。它包含了电路原理图的图形输入、电路硬件描述语言输入方式,具有丰富的仿真分析能力。利用 Multisim 可以交互式地搭建电路原理图,并对电路进行仿真。Multisim 提炼了 SPICE(集成电路校正的仿真程序)仿真的复杂内容,这样使用者无须懂得深入的 SPICE 技术就可以很快地捕获、仿真和分析新的设计,这也使其更适用于电子学教育。通过 Multisim 和虚拟仪器技术,学生可以完成从理论到原理图捕获与仿真再到原型设计和测试这样一个完整的综合设计流程。

## 5.1 Multisim14 操作界面

启动 Multisim14,就可以进入 Multisim14 的操作界面,如图 5-1-1 所示。

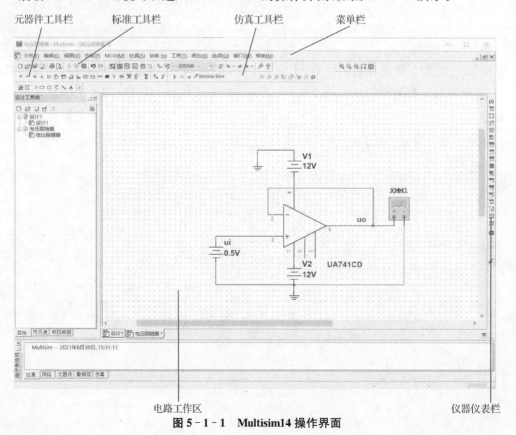

**图 5-1-1 Multisim14 操作界面**

Multisim14 的操作界面包括以下基本元素:

(1) 菜单栏,在其中可以找到所有功能的命令。

(2) 工具栏,包括常用的操作命令按钮。

(3) 元器件工具栏,包括各种元器件按钮。

(4) 仿真工具栏,提供了仿真开关,可以启动、停止电路的仿真。

(5) 仪器仪表栏,包括各种仪器、仪表的图标。

(6) 电路工作区,是进行电路设计的工作窗口。

## 5.2   用 Multisim 建立仿真电路

Multisim14 的元器件库包含了丰富的元器件。如图 5-2-1 所示为元器件工具栏中的元器件库图标,从左到右依次是:电源/信号源库、基本元器件库、二极管库、晶体管库、模拟元器件库、TTL 元器件库、CMOS 元器件库、其他数字元器件、模数混合元器件库、指示器件库、功率元件库、其他元器件库、外设元器件库、射频元器件库、机电元件库、NI 元件库、连接器、MCU 元件库、层次块调用库、总线库。元件工具栏的详细介绍如表 5-2-1 所示。

**图 5-2-1   元器件工具栏中的元器件库图标**

**表 5-2-1   元件工具栏中的元器件库图标**

| 图标 | 名  称 | 功  能 |
|------|--------|--------|
|  ⏚ | 电源/信号源库 | 包含接地端、直流电源、交流电源、方波、受控电源等多种电源和信号源 |
|  ⊶ | 基本元器件库 | 包含电阻、电容、电感、电解电容、可变电容、可变电感、电位器以及各种虚拟元件等 |
|  ⊬ | 二极管库 | 包含虚拟二极管、普通二极管、发光二极管、稳压二极管、单相整流桥、肖特基二极管、晶闸管、双向触发二极管等多种器件 |
|  ⃝ | 晶体管库 | 包含虚拟晶体管、双极性晶体管、场效应晶体管、复合管、热效应管等多种器件 |
|  ⟐ | 模拟元器件库 | 包含虚拟模拟集成电路、运算放大器、诺顿运算放大器、比较器、宽频运算放大器、特殊功能运算放大器等元器件 |

| 图标 | 名 称 | 功 能 |
|---|---|---|
| | TTL 元器件库 | 包含与门、或门、非门、各种复合逻辑运算门、触发器、中规模集成芯片、74××系列和 74LS××系列等 74 系列数字电路器件 |
| | CMOS 元器件库 | 包含 40××系列和 74HC××系列等多种 CMOS 数字集成电路系列器件 |
| | 其他数字元器件 | 包含 TTL、DSP、FPGA、PLD、CPLD、微处理控制器、微处理器以及存储器件等元器件 |
| | 模数混合元器件库 | 包含混合虚拟器件、555 定时器（TIMER）、ADC/DAC 转换器、模拟开关、多频振荡器等元器件 |
| | 指示器件库 | 包含电压表、电流表、探测器、蜂鸣器、灯泡、虚拟灯泡、十六进制显示器、条形光柱等元器件 |
| MISC | 其他元器件库 | 包含晶振、集成稳压器、电子管、保险丝等元器件 |
| | 外设元器件库 | 包含 KEYPADS、LCDS、TERMINALS、MISC_PERIPHERALS 等元器件 |
| | 射频元器件库 | 包含射频电容器、射频电感器、射频晶体管、射频 MOS 管等元器件 |
| | 机电元件库 | 包含各种开关、继电器、电机等元件 |
| | NI 元件库 | 包含各种数据采集器、多路复用器等元件 |
| | 连接器 | 包含各种常用的连接器 |
| | MCU 元件库 | 包含常用的 8051、8052、PIC 系列单片机以及 RAM、ROM 等元件 |

### 5.2.1　元器件的操作

**1. 元器件的选用**

选用元器件时,首先在元器件工具栏中用鼠标单击包含该元器件的图标,打开该元器件库。然后在元器件库列表中用鼠标单击该元器件,再单击【确认】按钮,用鼠标拖曳该元器件到电路工作区的适当位置即可。如图 5-2-2 所示,是选择 $C=2\,200$ pF 的电容的过程。

**图 5-2-2　选择电容**

**2. 元器件标签、编号、数值的设置**

在选中元器件后,双击该元器件或者选择菜单命令【编辑】→【属性】会弹出元件属性对话框,可进行属性设置。元件属性对话框具有多个选项卡可供设置,包括【标签】、【显示】、【数值】、【故障设置】等。

(1)【标签】选项卡

【标签】选项卡主要用于设置元器件的标签和编号(Reference ID)。

编号由系统自动分配,必要时可以修改,但必须保证编号的唯一性。注意:连接点、接地等元件没有编号。对于在电路图中是否显示标签和编号,可选择菜单命令【选项】→【电路图属性】,在弹出的对话框中进行设置。

（2）【数值】选项卡

在【数值】选项卡中可以设置元器件的具体参数值。

（3）【故障设置】选项卡

【故障设置】选项卡可用于人为设置元器件的隐含故障。例如，在三极管的【故障设置】选项卡中，C、B、E 为与故障设置有关的引脚号，可进行漏电、短路、开路、无故障等设置。

（4）改变元件颜色

在复杂电路中，可以将元器件设置为不同的颜色。要改变元器件的颜色，首先用鼠标选中该元器件，然后单击右键，在弹出的快捷菜单中选择【颜色】选项，出现颜色选择框，选择合适的颜色即可。

### 5.2.2　导线的操作

**1. 导线的连接与删除**

在两个元器件之间，首先将鼠标指向一个元器件的端点使其出现一个小圆点，按下鼠标左键并拖拽出一根导线，拉住导线并指向另一个元器件的端点使其出现一个小圆点，释放鼠标左键，则导线连接完成。

连接完成后，导线将自动选择合适的走向，不会与其他元器件或仪器发生交叉。

当要删除某连线时，只需用鼠标右键单击该连线，在弹出的快捷菜单中选择【删除】选项即可。

**2. 改变导线的颜色**

在复杂电路中，可以将导线设置为不同的颜色。用鼠标指向该导线，单击鼠标右键，在弹出的快捷菜单中选择【颜色】选项就可以出现颜色选择对话框，选择合适的颜色即可。

按照上述过程，选择相关元件并利用导线将相关元器件连接起来，即可搭建虚拟仿真电路，图 5-2-3 给出了一阶 $RC$ 电路的仿真电路。

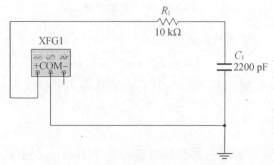

图 5-2-3　一阶 $RC$ 电路的仿真电路

## 5.3 Multisim 仪器仪表的使用

Multisim 提供了大量的虚拟仪器仪表,这些仪器仪表的设置、使用和读数与真实仪器仪表相似。用虚拟仪器显示仿真结果是检查电路行为最好、最便捷的方式。本节将重点介绍在电子信息基础实验中广泛应用的数字万用表、函数信号发生器、示波器和波特测试仪。

1. 数字万用表

数字万用表是一种可以用来测量交直流电压、交直流电流、电阻及电路中两点之间的分贝损耗,自动调整量程的数字显示的多用表。

在仪器仪表栏用鼠标单击万用表图标,鼠标上就附着一个万用表的图标,将鼠标移动到电路工作区的合适位置,单击鼠标左键,即完成万用表的添加。双击万用表图标,弹出【万用表】面板,在面板上可以进行相应设置,完成测量,如图 5-3-1 所示。

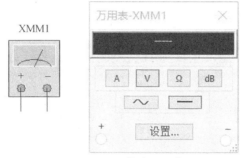

**图 5-3-1 数字万用表**

2. 函数信号发生器

函数信号发生器是可提供正弦波、三角波、方波三种不同波形的信号的电压信号源。函数信号发生器的添加方法与数字万用表相同,添加完成后,用鼠标双击函数信号发生器图标,弹出【函数信号发生器】面板,可以设置函数信号发生器的输出波形、工作频率、占空比、振幅和直流偏置等参数,如图 5-3-2 所示。

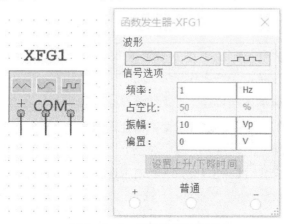

**图 5-3-2 函数信号发生器**

### 3. 示波器

示波器是一种可以直观地观测电信号波形的形状、大小、频率等参数的仪器。示波器的添加方法与其他仪器相同,添加完成后,用鼠标双击示波器图标,电路工作区即出现【示波器】面板,如图5-3-3所示。

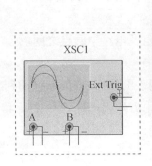
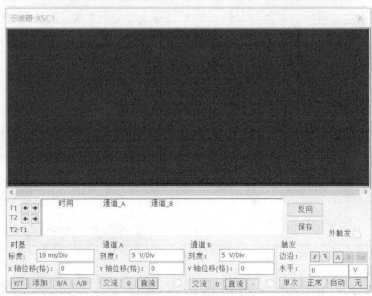

图5-3-3 示波器

(1) 时间基准设置

①【标度】:X轴的时间刻度单位。

②【X轴位移】:X轴的起始位置。

③显示方式的选择,包括:

• 【Y/T】:X轴显示时间,Y轴显示电压幅值。

• 【添加】:X轴显示时间,Y轴显示A、B通道输入信号之和。

• 【A/B】、【B/A】:X轴和Y轴都显示电压幅值。

(2) 输入通道设置

示波器有两个Y轴输入通道:通道A和通道B。

①【刻度】:Y轴刻度单位。

②【Y轴位移】:Y轴的起始位置。

③输入耦合方式的选择:【交流】表示交流耦合;【0】表示接地,可用于确定0电压在屏幕上的基准位置;【直流】表示直流耦合。其中通道B的【-】按钮在单独使用时,显示通道B的反相波形,若与时基调节中的【添加】按钮一起使用,则显示A、B通道A-B叠加的波形。

(3) 触发方式设置

①【边沿】:用于选择上升沿触发或下降沿触发。

②【水平】:用于选择触发电平。

③触发源选择:选择【A】或【B】表示将通道 A 或通道 B 的输入信号作为时基扫描的触发信号,默认值为【A】;选择【Ext】为外触发,由外触发输入信号触发。

④触发方式选择:【单次】为单脉冲触发方式;【正常】为一般脉冲触发;【自动】为自动触发方式。一般情况下使用自动触发方式。

4. 波特测试仪

波特测试仪可以用来测量和显示电路的幅频特性与相频特性,类似于扫频仪。波特测试仪的添加方法与其他仪器相同,添加完成后,用鼠标双击波特测试仪,电路工作区即出现【波特测试仪】面板,如图 4-3-4 所示。

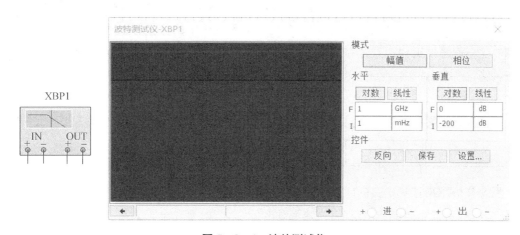

**图 5-3-4　波特测试仪**

波特测试仪有 IN 和 OUT 两对端口,其中 IN 端口的【+】和【-】分别接电路输入端的正端和负端;OUT 端口的【+】和【-】分别接电路输出端的正端和负端。使用波特测试仪时,必须在电路的输入端接入交流信号源。

用波特测试仪测量时,单击【幅值】按钮显示幅频特性曲线;单击【相位】按钮显示相频特性曲线;单击【反向】按钮改变屏幕背景的颜色;单击【保存】按钮保存测量结果;单击【设置】按钮设置扫描的分辨率,数值越大则精度越高。

水平坐标和垂直坐标可以选择的类型有【对数】和【线性】,【I】和【F】分别用来设置坐标起点值和坐标终点值。水平坐标表示信号频率的测量范围,垂直坐标表示信号增益或相位的测量范围。

要得到特性曲线上任意点的频率、增益或相位差,可用鼠标拖动读数指针(位于【波特测试仪】面板中的垂直光标),或者用读数指针移动按钮来移动读数指针到需要测量的点,读数指针与特性曲线的交点处的频率和增益或相位角的数值即可显示在相应读数框中。

# 5.4 Multisim 电路分析方法

### 5.4.1 基本分析功能

Multisim 提供了多种分析功能。用鼠标在菜单栏依次选择【仿真】→【分析和仿真】,即可弹出分析菜单,列出了所有的电路分析类型。

1. 直流工作点分析(DC Operating Point Analysis)

直流工作点分析用来确定电路的直流工作点。直流工作点分析的结果常常是进一步分析的中间值,例如直流工作点分析的结果可用于交流分析中像二极管、三极管等非线性元件的线性化小信号的近似模型。在进行直流工作点分析时,假定交流信号源置零、电容开路、电感短路、数字元件当作接地的大电阻。

2. 交流分析(AC Sweep Analysis)

交流分析用来计算线性电路的频率响应。在交流分析中,首先计算直流工作点以获得所有非线性元件的线性化、小信号模型,然后建立矩阵方程。

3. 瞬态分析(Transient Analysis)

瞬态分析用来计算电路的时域响应,给出电路节点在整个周期中每一时刻的电压波形。在瞬态分析中,直流源保持恒定值,交流源随时间变化,电容和电感采用能量储存模型。

4. 直流扫描分析(DC Sweep Analysis)

直流扫描分析用来计算直流电源在不同取值时的直流工作点。

5. 单频交流分析(Single Frequency AC Analysis)

单频交流分析的工作原理类似于交流扫描,但只计算一个频率的结果。它以表格形式在记录仪器中报告输出的幅度/相位或实/虚分量。

6. 参数扫描分析(Parameter Sweep Analysis)

参数扫描分析用来分析在一定变化范围内元件参数变化对电路性能的影响。主要有以下几种分析类型:直流工作点分析、交流分析、单频扫描分析、瞬态分析和嵌套扫描分析等。

7. 噪声分析(Noise Analysis)

噪声分析用来分析噪声对电路性能的影响。

8. 蒙特卡罗分析(Monte Carlo Analysis)

蒙特卡罗分析是一种统计分析方法,用于研究元件特性的变化对电路性能的影响,可以进行交流、直流或瞬态分析。蒙特卡罗分析方法运行多次仿真,每次仿真中元件参数都按照用户指定的分布类型在指定的容差范围内随机地取值。

9. 傅里叶分析(Fourier Analysis)

傅里叶分析是一种分析复杂周期信号的方法。它可将周期信号分解为直流与不同频率的正弦、余弦信号的和,以分析其频域特性。傅里叶分析要求基频为交流源的频率或多个交流源频率的最小公因数。傅里叶分析产生傅里叶电压幅频特性图和相频特性图,幅频特性图可以是柱形图,也可以是线性图。

10. 温度扫描分析(Temperature Sweep Analysis)

温度扫描分析运行一系列底层分析,例如直流或瞬态分析等,以检验在不同温度下电路的性能。

11. 失真分析(Distortion Analysis)

失真分析用于分析在瞬态分析期间可能不明显的信号失真。信号失真通常是由电路中的增益非线性或相位偏移引起的。

12. 灵敏度分析(Sensitivity Analysis)

灵敏度分析用来分析输出对输入变量的敏感程度。此分析有效地返回输出相对于输入的导数。这种分析的工作原理是对输入进行很小的扰动,并分析对输出的影响。

13. 最坏情况分析(Worst Case Analysis)

最坏情况分析是一种统计分析,可以探究元件参数的变化给电路性能带来的最坏影响。

14. 噪声系数分析(Noise Figure Analysis)

噪声系数分析用来分析测量器件的噪声。对于晶体管来说,这种分析方法用来测量晶体管在放大过程中信号的噪声系数。

15. 极-零分析(Pole Zero Analysis)

极-零分析用来计算电路系统函数的极点和零点,以确定电路系统的稳定性。

16. 传递函数分析(Transfer Function Analysis)

传递函数分析用来计算电路的直流小信号传递函数,也可用于计算电流的输入输出阻抗。传递函数分析的结果显示输出信号与输入信号的比值、输入源节点的输入电阻和输出电压节点的输出电阻的图表。

17. 光迹宽度分析(Trace Width Analysis)

光迹宽度分析用来计算电路中在任一导线上通过有效值电流需要的最小光迹宽度。流过导线的电流会引起导线温度的升高。温度和电流之间的关系是一个电流、光迹宽度和厚度的非线性函数。

18. 批处理分析(Batched Analysis)

批处理分析可以将不同的分析或同一分析的不同实例按批处理在一起,以便按顺序执行。

19. 用户自定义分析(User Defined Analysis)

用户自定义分析允许手动加载 SPICE 卡或网络列表,并键入 SPICE 命令,使用户可以更自由地调整仿真。

## 5.4.2 分析方法

下面对在电子信息基础实验中常用的几种分析方法进行详细介绍。

1. 直流工作点分析

在进行直流工作点分析时,电路中的交流源将被置零,电容开路,电感短路。利用鼠标从菜单栏中选择直流工作点分析,即可打开【直流工作点】对话框,如图5-4-1所示。

图5-4-1 【直流工作点】对话框

【直流工作点】对话框中有【输出】、【分析选项】和【求和】三个选项卡,分别介绍如下:

(1)【输出】选项卡

【输出】选项卡用来选择需要分析的节点和变量。在左边的【电路中的变量】栏中列出了电路中的输出变量。单击窗口中的下拉箭头按钮,可供选择的变量类型有【电压和电流】、【电压】、【电流】、【电路参数】以及【所有变量】等。在右边的【已选定用于分析的变量】栏中列出的是需要分析的变量。从左栏中选择一个或多个变量,单击【添加】按钮,变量即出现在右栏中。

(2)【分析选项】选项卡

【分析选项】选项卡用来设定各项分析参数,通常分析不需进一步的干涉,建议各参数使用默认值。

（3）【求和】选项卡

在【求和】选项卡中给出了所有设定的参数和选项，用户可以检查确认所要进行的分析设置是否正确。

各项参数设置完成后，单击【Run】按钮进行仿真分析，即可在分析图形窗口中显示出分析结果，如图 5-4-2 所示。

**图 5-4-2　直流工作点分析结果**

2. 交流分析

交流分析用于分析电路的频率特性。需先选定被分析的电路节点，在分析时，电路中的直流源将自动置零，交流信号源、电容、电感等均处于交流模式，输入信号设定为正弦信号。

用鼠标依次单击【仿真】→【分析】→【交流分析】，将弹出【交流分析】对话框，进入交流分析状态。

在【频率参数】选项卡设置交流分析的频率参数。大多数情况下，只需设置扫描的起始频和停止频率。另外，还可设置扫描类型（十倍频程、八倍频程和线性）、每十倍频程点数、垂直刻度（线性、对数、分贝和八倍频程）。

在【输出】选项卡中选择输出节点进行分析。

参数设置完成后单击【Run】按钮进行仿真分析，结果如图 5-4-3 所示。

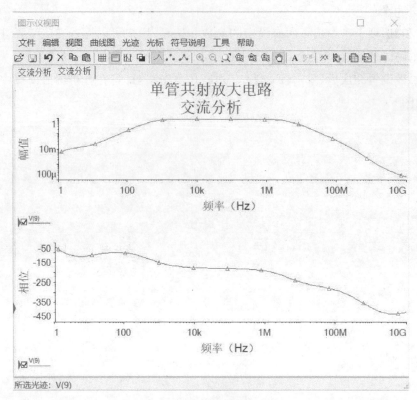

图 5 - 4 - 3　交流分析结果

### 3. 傅里叶分析

傅里叶分析用于分析一个时域信号的直流分量、基频分量和谐波分量,即对被测节点处的时域变化信号进行傅里叶变换,求出它的频域变化规律。在进行傅里叶分析时,首先选择被分析的节点,一般将电路中的交流激励源的频率设定为基频,若在电路中有几个交流源时,可以将基频设定为这些频率的最小公因数。

用鼠标依次单击【仿真】→【分析】→【傅里叶分析】,将弹出【傅里叶分析】对话框,进入傅里叶分析状态。

在【分析参数】选项卡中可设置分析参数:在【频率分解(基本频率)】文本框中输入基频,单击【估算】按钮系统会自动设置;在【谐波数量】文本框中输入谐波次数;在【取样的停止时间(TSTOP)】文本框中输入取样停止时间,单击【估算】按钮系统会自动设置;单击【编辑瞬态分析】按钮可进行瞬态分析参数设置;选中【显示为柱形图】复选框可以用柱形图显示分析结果。

在【输出】选项卡中选择要进行傅里叶分析的输出节点进行分析。

参数设置完成后单击【Run】按钮进行仿真分析,结果如图 5 - 4 - 4 所示。

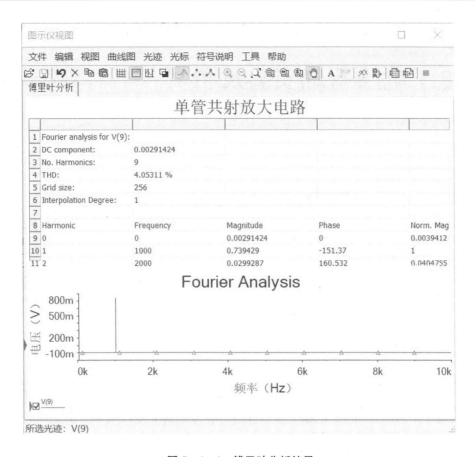

图 5 - 4 - 4 傅里叶分析结果

# 6　电子电路基础实验及仿真

## 6.1　基尔霍夫定律的验证

### 6.1.1　实验目的

（1）加深对基尔霍夫定律的理解。

（2）学会使用万用表测量直流电压和直流电流，验证基尔霍夫定律。

（3）学会用电流表测量各支路电流。

### 6.1.2　实验原理

基尔霍夫电流定律（KCL）：基尔霍夫电流定律是电流的基本定律，即在任何时刻，在集总电路中，对任一节点（闭合面）而言，所有支路的电流代数和恒等于零，即 $\sum i = 0$。如流入该节点（闭合面）的电流为正，则流出该节点（闭合面）的电流为负（也可以反过来规定）。

基尔霍夫电压定律（KVL）：对任何一个闭合回路而言，所有支路的电压降代数和恒等于零，即 $\sum u = 0$。通常，凡支路或元件电压的参考方向与回路绕行方向一致者为正，反之为负。

基尔霍夫定律对各种不同的元件所组成的电路都适用，对线性电路和非线性电路都适用。运用上述定律时必须注意各支路或闭合回路中电流的正方向，此方向可预先任意设定。

### 6.1.3　实验内容与步骤

#### 1. 验证基尔霍夫电压定律

连接实验电路，如图 6-1-1 所示，调节直流稳压电源输出电压调节旋钮，用万用表直流电压挡测量电压 $U$ 为 9 V 后，依次测量电阻 $R_1$ 和 $R_2$ 的端电压 $U_1$ 和 $U_2$ 以及电路中的电流 $I$，测量数据填入表 6-1-1 中并求 $\sum U$，验证基尔霍夫电压定律。

表 6 - 1 - 1　验证基尔霍夫电压定律

|  | $U(V)$ | $U_1(V)$ | $U_2(V)$ | $I(mA)$ | $\sum U$ |
|---|---|---|---|---|---|
| 理论值 | 9 |  |  |  |  |
| 实测值 | 9 |  |  |  |  |

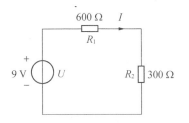

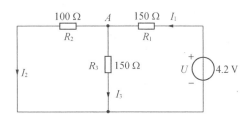

图 6 - 1 - 1　基尔霍夫电压定律验证电路　　图 6 - 1 - 2　基尔霍夫电流定律验证电路

2. 验证基尔霍夫电流定律

连接实验电路,如图 6 - 1 - 2 所示,调节直流稳压电源输出,用万用表测量电压 $U$ 为 4.2 V 后,依次测量各支路的电流,测量数据填入表 6 - 1 - 2 中并求 $\sum I_A$,验证基尔霍夫电流定律。

表 6 - 1 - 2　验证基尔霍夫电流定律

|  | $U(V)$ | $I_1(mA)$ | $I_2(mA)$ | $I_3(mA)$ | $\sum I_A$ |
|---|---|---|---|---|---|
| 理论值 | 4.2 |  |  |  |  |
| 理论值 | 4.2 |  |  |  |  |

## 6.1.4　Multisim 仿真分析

1. 直流电压的测量

(1) 测量图 6 - 1 - 1 中 $R_1$ 和 $R_2$ 的端电压 $U_1$ 和 $U_2$

根据图 6 - 1 - 1 调取元件,连接电路,调用万用表测量 $U_1$ 和 $U_2$,万用表面板上显示测量结果,如图 6 - 1 - 3 所示。

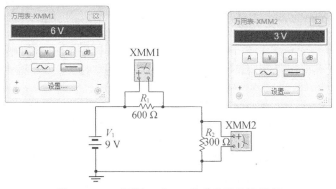

图 6 - 1 - 3　测量 $U_1$ 和 $U_2$ 的电路及仿真结果

（2）根据实际情况设定直流电压表内阻（见图 6-1-4）

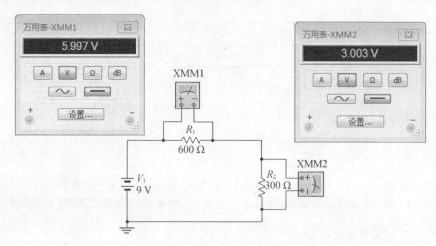

图 6-1-4　电压表内阻仿照真实值测量 $U_1$、$U_2$ 的电路及仿真结果

对照理论值，比较两次仿真结果，说明直流电压表内阻对被测电压的影响。

2. 直流电流的测量

按照图 6-1-1 所示电路，在 Multisim 默认状态（直流电流表内阻 $1n\Omega$）下，测量回路中的电流。

参照 MF500 型万用表电流挡 10 mA 的内阻 75 $\Omega$，设置直流电流表内阻参数，测量电流值，图 6-1-5 是测量电路及仿真结果。

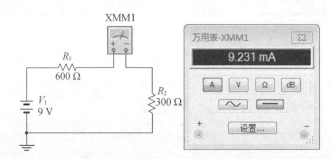

图 6-1-5　设置直流电流表内阻为 75$\Omega$ 时的测量电路及仿真结果

对照理论值，比较两次仿真结果，说明直流电流表内阻对被测电流的影响。

3. 仿真分析

按照图 6-1-2 所示电路，在 Multisim 软件中连接该电路并仿真输出结果，与实际测量结果相比较。

### 6.1.5　思考题

（1）标注为 600 $\Omega$ 的电阻，其标称值、实测值之间的差别如何解释？

（2）电阻使用过程中除了要关心电阻值，还要关注什么参数？

## 6.2 等效电源定理的研究

### 6.2.1 实验目的

(1) 学习测量线性有源二端网络等效电源参数和电路的外特性的方法。

(2) 加深对等效电源定理的理解,验证最大功率传输条件。

(3) 巩固万用电表的使用方法,加深对万用电表内阻的理解。

(4) 进一步掌握 Multisim 仿真分析在直流实验中的应用。

### 6.2.2 实验原理

(1) 齐次性:在含一个独立源的线性电路中,每一个响应(电压或电流)与该独立源的数值呈线性关系,即当某一独立源增加 $k$ 倍(或缩小 $1/k$ 时),由其在各元件上产生的电压或电流也增加 $k$ 倍(或缩小 $1/k$)。这一特性称为线性电路的齐次性(或比例性)。

(2) 叠加性:由多个独立源组成的线性电路中,每一个响应(电压或电流)可以看成由每一个独立源单独作用所产生响应的代数和。这一特性称为叠加性(或叠加原理)。

(3) 置换性:在具有唯一解的线性或非线性电路中,若已知某一支路的电压为 $U$,电流为 $I$,那么该支路可以用"$U_s = U$"的电压源替代,或者用"$I_s = I$"的电流源替代。替代后电路其他各处的电压、电流均保持原来的值。这一特性称为置换性。

这里所说的某一支路可以是无源的,也可以是含独立源的,或是一个二端电路(又称广义支路)。但是,被替代的支路与原电路的其他部分间不应有耦合。

(4) 互易性:在不含受控源的无源线性二端网络中,不论哪一端作为激励端,哪一端作为响应端,其电流响应对其电压激励的比值是一样的,或其电压响应对其电流激励的比值是一样的。形象地说,就是一个电压源(或一个电流源)和一个电流表(或一个电压表)可以互相调换位置,而电流表(或电压表)的读数不变。这一特性称为互易性(或互易原理),可用图 6 - 2 - 1 表示。

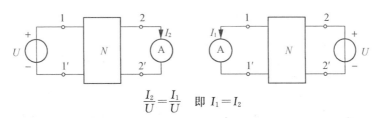

$$\frac{I_2}{U} = \frac{I_1}{U} \quad 即 \ I_1 = I_2$$

**图 6 - 2 - 1(a)　电压源与电流表互易**

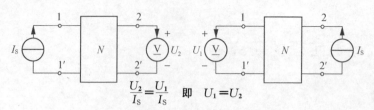

$$\frac{U_2}{I_S} = \frac{U_1}{I_S} \quad 即 \quad U_1 = U_2$$

**图 6 - 2 - 1(b)  电流源与电压表互易**

### 6.2.3  实验内容与步骤

**1. 测量线性有源二端网络的等效电源参数**

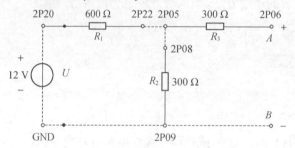

**图 6 - 2 - 2  测定 *A*、*B* 端等效电源参数的电路**

如图 6 - 2 - 2 所示连接实验电路,测量 *A*、*B* 端口的等效电源参数 $U_{OC}$、$I_{SC}$,测量数据填入表 6 - 2 - 1 中;任选三种方法测量 $r_0$,测量数据填入表 6 - 2 - 2 中。

(1) 测量开路电压 $U_{OC}$

按图 6 - 2 - 2,在"线性电路研究模块"实验板上搭建实验电路。将 +12 V 的电源输出端接到 2P20,2P22 与 2P05 相连,2P08 与 2P05 相连,2P09 接到 GND,2P06 与 2P09 之间串联一个直流电压表,用于测量电路开路电压。

在精度要求不高的情况下,可直接用万用表的直流电压挡测出该有源二端网络电路的开路电压 $U_{OC}$,如图 6 - 2 - 3 所示。若实验中所用万用表的内阻足够大(大于被测网络的电阻 100 倍以上),则测量误差可以忽略,可认为万用表的电压读数就是开路电压 $U_{OC}$ 的值;否则,将有一定的测量误差。

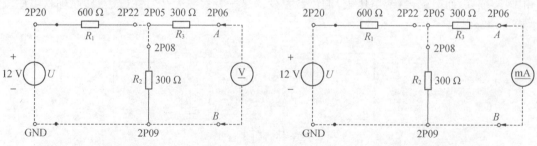

**图 6 - 2 - 3  测量开路电压 $U_{OC}$ 电路**　　　　**图 6 - 2 - 4  测量短路电流 $I_{SC}$ 电路**

(2) 测量短路电流 $I_{SC}$

将上述实验电路中的直流电压表换成直流电流表,其他连接保持不变,见图 6 - 2 - 4。

在网络端口允许短路的情况下,可用万用表直流电流挡测量网络端口处的短路电流。如果实验中所用万用表的内阻足够小(小于被测支路阻值100倍以上),则对测量数据影响较小,可以认为万用表的电流读数就是短路电流 $I_{SC}$ 的值;否则,将有一定的测量误差。

表 6-2-1　测定等效电源参数 $U_{OC}$, $I_{SC}$

| 测量项目 | $U_{OC}(V)$ | $I_{SC}(mA)$ |
|:---:|:---:|:---:|
| 理论值 | | |
| 测量值 | | |

(3)测量等效内阻 $r_0$

测量等效内阻的方法有很多,事实上,根据已经测得的开路电压 $U_{OC}$ 及短路电流 $I_{SC}$,即可计算得到等效内阻:$r_0 = U_{OC}/I_{SC}$。除此之外,再介绍几种测量 $r_0$ 的方法。

①直接测量法

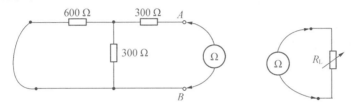

(a) 直接测量法测量 $r_0$ 的电路　　(b) 替代法测量 $r_0$ 的电路

**图 6-2-5　万用表欧姆挡测量 $r_0$ 的电路**

将网络内的独立源置零,如图 6-2-5(a)所示,线性有源二端网络就变成了无独立源二端网络,用万用表欧姆挡测量该网络端口处的入端电阻,即得到等效内阻 $r_0$。

②替代法

考虑万用表欧姆挡测量误差,直接测量法可变换形式,如图 6-2-5(b),用替代法测量 $r_0$。

用万用表欧姆挡分别测量图 6-2-5(a)和(b)所示的两个二端网络,调整十进制电阻箱 $R_L$ 的大小,当两者指针偏转角度一致时,显然有 $r_0 = R_L$。实测时,欧姆挡无须校零,也无须选用 $\Omega$ 刻度线,只要便于读数比较,表盘中任一刻度线均可作为指针偏转角度的位置,$r_0$ 值可直接由电阻箱所示数值读出。

③外接已知电源法

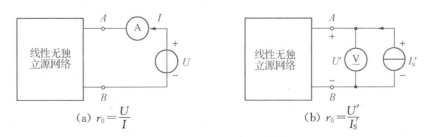

(a) $r_0 = \dfrac{U}{I}$　　　　　　　　　(b) $r_0 = \dfrac{U'}{I_S'}$

**图 6-2-6　外接已知电源法测量 $r_0$ 的电路**

按照图 6-2-5(a)所示的电路,将线性有源二端网络变成无独立源二端网络,外接电源 $U$,测电流 $I$ 或电压 $U'$,如图 6-2-6(a)和(b)所示,根据电压与电流的比值计算出 $r_0$。

④半值法

按照图 6-2-5(a)所示的电路,将线性有源二端网络变成无独立源二端网络,外接电压源 $U$ 和电阻箱 $R_L$,如图 6-2-7 所示;$U$ 的大小选一个适当值即可,改变电阻箱 $R_L$ 的阻值并测量其端电压 $U_L$,当 $U_L = 1/2U$ 时,$r_0 = R_L$。

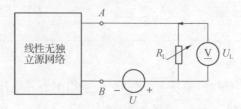

**图 6-2-7 半值法测量 $r_0$ 的电路**

⑤外接已知负载法

该方法也称为二次电压测量法,其电路如图 6-2-8(a)所示,在被测电路的 $A$、$B$ 两端任接一个阻值已知的电阻 $R_L$,第一次测的是开路电压 $U_{OC}$(表 6-2-1 已完成),第二次测的是已知阻值电阻 $R_L$ 上的端电压 $U_L$,从图 6-2-8(b)可知:

$$(U_{OC} - U_L)/r_0 = U_L/R_L$$

即

$$r_0 = (U_{OC}/U_L - 1) \times R_L$$

即可计算得到 $r_0$。

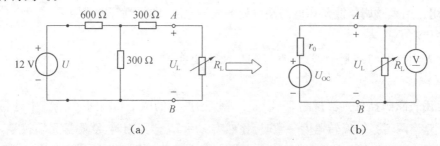

(a)                    (b)

**图 6-2-8 外接已知负载法测量 $r_0$ 的电路**

特殊地:如果 $R_L$ 换作电阻箱,在调节 $R_L$ 大小的同时,测量其端电压 $U_L$,当 $U_L$ 值恰好为开路电压 $U_{OC}$ 的一半时,由上述公式可得 $r_0 = R_L$,此时 $r_0$ 值就可直接由电阻箱上读取。

**表 6-2-2 测量 $r_0$**

| $r_0$ | 实验方法 | 中间测量数据 | 结果 $r_0(\Omega)$ |
|---|---|---|---|
| $r_{01}$ | | | |
| $r_{02}$ | | | |
| $r_{03}$ | | | |
| 理论值 $r_0 =$ | | 综合分析后 $r_0 =$ | |

### 2. 测量实验电路的外特性

电路的外特性也称为伏安特性,是对电路输出端电压和电流之间关系的描述,即 $U=f(I)$。

线性有源二端网络外特性的测量方法,是在被测电路的 $A$、$B$ 两端之间接一个可调的负载电阻 $R_L$(通常采用电阻箱),实验电路可参考 6-2-8(a),逐渐改变电阻 $R_L$ 的数值,测量其端电压 $U_L$,测量数据填入表 6-2-3 中的"原电路"部分,并计算通过电阻 $R_L$ 的电流 $I_L$,即可在坐标纸上描绘出 $U_L$-$I_L$ 曲线。$R_L$ 的变化范围为:$10\ \Omega \sim r_0 \sim 10\ \mathrm{k}\Omega$,测量点不得少于 10 个,在 $r_0$ 附近的测量点应取得密些,其中 $r_0$ 选用实验中测出的较准确值。

表 6-2-3　测量电路外特性

| | $R_L(\Omega)$ | 10 | | | $r_0$ | | | 10 000 |
|---|---|---|---|---|---|---|---|---|
| 原电路 | $U_L(\mathrm{V})$ | | | | | | | |
| | $I_L(\mathrm{mA})$ | | | | | | | |
| | $P(\mathrm{mW})$ | | | | | | | |
| 等效电路 | $U'_L(\mathrm{V})$ | | | | | | | |
| | $I'_L(\mathrm{mA})$ | | | | | | | |

### 3. 测量戴维南等效电路的外特性

用测得的 $U_{OC}$、$r_0$ 组成戴维南等效电路,测量等效电路的外特性的实验电路可参考图 6-2-8(b),将 $U'_L$ 的测量数据填入表 6-2-3 中的"等效电路"部分,并计算 $I'_L$,与原电路的外特性进行比较。

### 4. 研究功率和负载间关系

根据实测的原电路的外特性,计算负载 $R_L$ 上获得的功率 $P$,观察 $P$ 随 $R_L$ 变化的规律,即 $P=f(R_L)$,验证负载获得最大功率的条件。

## 6.2.4 Multisim 仿真分析

### 1. $U_{OC}$ 的测量

在 Multisim 中,按照图 6-2-3 调取所用元件,设定参数,连接电路;调用万用表测量 $U_{OC}$,如图 6-2-9 所示,要求:

(1) 在 Multisim 默认状态下显示仿真结果;

(2) 根据实际测量情况,显示测量结果;

(3) 对照 $U_{OC}$ 理论值,分析两次测量结果。

图 6-2-9　万用电表测量 $U_{OC}$ 的电路

2. $I_{SC}$ 的测量

在 Multisim 中,参考图 6-2-9 所示电路,测量 $I_{SC}$,要求:分别参照 MF500 型万用表电流挡 10 mA 和 100 mA 的内阻,设置直流电流表内阻参数,显示测量结果,与 $I_{SC}$ 理论值进行比较,分析产生误差的原因。

3. $r_0$ 的测量

(1) 直接测量法

在 Multisim 中,将图 6-2-9 所示电路中的电源 $U$ 删去,连线替代后,用万用电表测量 $r_0$ 值,与实验测量数据进行比较。

(2) 外接已知负载法

①参照图 6-2-8(a),在 Multisim 中调取一个可变电阻器作为 $R_L$,调节其大小至某一阻值时,测出其端电压大小,根据前文的公式计算出 $r_0$ 值。图 6-2-10 是 $R_L$ 为 400 Ω 时,测量 $U_L$ 的电路图及仿真结果。

②根据图 6-2-10,当调节 $R_L$ 为 630 Ω 时,完成 $U_L$ 的测量仿真,并根据结果计算 $r_0$ 值。

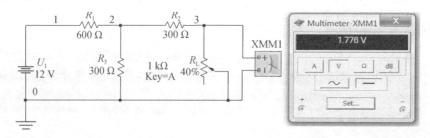

**图 6-2-10  $R_L$ 为 400 Ω,直流电压表内阻设置为 200 kΩ 时测量 $U_L$ 的电路及仿真结果**

## 6.2.5  思考题

本书使用数字万用表测量参数,忽略了万用表内阻的影响和元件的非理想性,如果考虑这些参数的影响,测量出的 $U_{OC}$ 和 $I_{SC}$ 各为多少? 将结果填入表 6-2-4 和表 6-2-5(保留 3 位小数),并分析得出结论。

表 6-2-4  测量 $U_{OC}$ 的误差分析

| 条　件 | $U_{OC}$(V) |
|---|---|
| 理想 600 Ω 电阻,电压表内阻无穷大 | |
| 理想 600 Ω 电阻,电压表内阻 200 kΩ | |
| 实测 620 Ω 电阻,电压表内阻无穷大 | |
| 实测 620 Ω 电阻,电压表内阻 200 kΩ | |
| 结　论 | (　　　　　)影响较大 |

表 6－2－5　测量 $I_{SC}$ 的误差分析

| 条　件 | $I_{SC}$(mA) |
|---|---|
| 理想 600 Ω 电阻,电流表内阻为 0 | |
| 理想 600 Ω 电阻,电流表内阻为 7.5 Ω | |
| 实测 620 Ω 电阻,电流表内阻为 0 | |
| 实测 620 Ω 电阻,电流表内阻为 75 Ω | |
| 结　论 | （　　　　　）影响较大 |

# 6.3　典型信号的观测与测量

## 6.3.1　实验目的

(1) 学习函数信号发生器、交流电压表和双踪示波器的使用方法。

(2) 学会观察几种典型信号的波形。

(3) 掌握信号幅度、周期(频率)和两个同频率正弦信号相位差的测量方法。

(4) 学习 Multisim 中交流仪表的使用方法。

## 6.3.2　实验原理

1. 几种典型信号

(1) 正弦信号

描述正弦信号特征的主要参数有:电压峰值($U_P$)、电压峰-峰值($U_{P-P}$)、电压有效值($U$)、周期($T$)、频率($f$)、初相($\theta$)、相位差($\varphi$)等,如图 6-3-1(a)所示。

参数之间满足一定的关系,如下所示:

$$U_{P-P}=2U_P=2\sqrt{2}U,f=\frac{1}{T}$$

(2) 矩形信号

描述矩形信号特征的主要参数有:幅度($U_{P-P}$)、脉冲重复周期($T$)和脉冲宽度($\tau$),$\dfrac{\tau}{T}$ 通常称为占空比,如图 6-3-1(b)所示。

(3) 锯齿波信号

描述锯齿波信号特征的主要参数有:幅度($U_{P-P}$)、脉冲重复周期($T$)等,如图 6-3-1(c)所示。

上述三种信号均可由函数信号发生器产生。

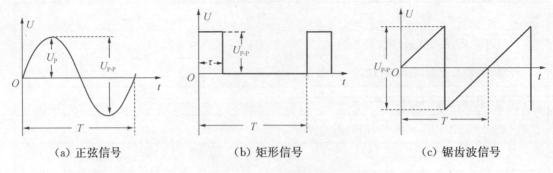

（a）正弦信号　　　　　　（b）矩形信号　　　　　　（c）锯齿波信号

**图 6 - 3 - 1　几种常用信号波形**

2. 基本测量方法

（1）幅度的测量

正弦信号的幅度可以用交流电压表和示波器测量，交流电压表的测量值仅为其有效值，而示波器可直接测量出其峰值或峰-峰值，应根据实验要求对所测量出的数据进行换算。

矩形信号与锯齿波信号的幅度可用示波器测量。

（2）周期和频率的测量

三种信号的周期和频率可分别由示波器和频率计测量，也可以在测量出信号的某一参数后根据实验要求进行换算。

（3）两个同频率正弦信号相位差的测量

当双踪示波器显示屏上显示如图 6 - 3 - 2 所示的两个同频率信号波形时，依照下面的公式计算其相位差：

$$\varphi = \frac{B}{A} \cdot 360°$$

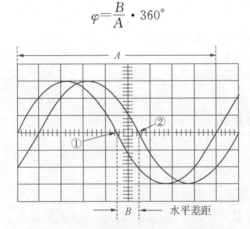

**图 6 - 3 - 2　两个同频率正弦信号的相位**

$A$ 表示两波形在水平方向上一个周期所占格数，$B$ 表示两波形在水平方向对应点之间相差的格数。

3. 双踪示波器 CH2(Y2)极性控件的使用

用双踪示波器两个通道同时显示一个正弦信号波形时:

(1) 如将 CH2(Y2)极性选择为"＋"时,则显示屏上显示的两个波形是同相的,即相位差为 $0°$,如图 6-3-3(a)所示。

(2) 如将 CH2(Y2)极性选择为"－"时,则显示屏上显示的两个波形是反相的,即相位差为 $180°$,如图 6-3-3(b)所示。

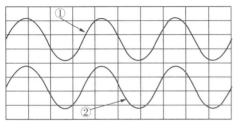 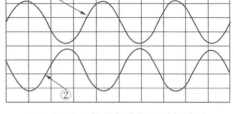

(a) CH2 极性选择为"＋"时的波形　　　　(b) CH2 极性选择为"－"时的波形

**图 6-3-3　双踪示波器 CH2(Y2)极性控件的使用**

### 6.3.3　实验内容与步骤

1. 观测正弦信号

(1) 按图 6-3-4 连接电路,函数信号发生器产生一个频率为 500 Hz(以函数信号发生器显示值为准)、电压有效值为 2 V(以交流电压表的测量值为准)的正弦信号,用双踪示波器显示该正弦信号波形,测量其电压峰-峰值 $U_{P-P}$ 和周期 $T$,同时由函数信号发生器电压指示窗口读出电压 $U_P$ 值,完成表 6-3-1。

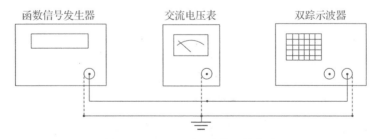

**图 6-3-4　观测正弦信号的电路**

(2) 将上述正弦信号频率改为 10 kHz,电压有效值改为 4 V,完成表 6-3-1。

(3) 比较函数信号发生器、交流电压表和双踪示波器三种仪表的电压显示值或测量值之间的关系。

表6-3-1 测量正弦信号

| 使用仪器 | 函数信号发生器 | | 交流电压表 | 双踪示波器 | |
|---|---|---|---|---|---|
| 测量项目 | 电压$U_P$ | 频率 | 电压有效值 | $U_{P\text{-}P}=H\ \text{V/div}$ | $T=D\ \text{s/div}$ |
| 测量值 | | 500 Hz | 2 V | | |
| 测量值 | | 10 kHz | 4 V | | |

说明：$H$代表峰-峰值所占的格数，V/div为垂直偏转灵敏度挡位，$D$代表一个周期所占的格数，s/div为扫描速度挡位。

### 2. 观测矩形信号

（1）按图6-3-5连接电路，函数信号发生器产生一个频率为1.25 kHz、幅度为4 V（均以函数信号发生器显示值为准）的矩形信号，调节函数信号发生器上的 SYM 或 SYMMETRY 旋钮，放置在"关"位，使矩形信号波形的$\tau/T=1/2$，此时的矩形信号波形通常也称为方波。

（2）根据表6-3-2的要求，双踪示波器选择不同的垂直偏转灵敏度挡位显示波形，测量幅度；选择不同的扫描速度挡位显示波形，测量周期和脉宽，完成表6-3-2。

比较表中测量数据，分析垂直偏转灵敏度和扫描速度挡位的转换对测量数据有无影响。

（3）调节函数信号发生器上的 SYM 或 SYMMETRY 旋钮，改变脉宽的大小，观察不同$\tau/T$的矩形信号波形。

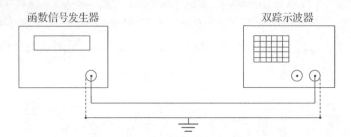

图6-3-5 观测矩形信号和锯齿波信号的电路

表6-3-2 测量矩形信号

| Y轴部分 | | | X轴部分 | | | | |
|---|---|---|---|---|---|---|---|
| 垂直偏转灵敏度旋钮（V/div） | 幅度所占格数（div） | 幅度值（V） | 扫描速度旋钮（ms/div） | 时间所占格数（div） | | 时间（s） | |
| | | | | 周期 | 脉宽 | 周期 | 脉宽 |
| 1 | | | 0.1 | | | | |
| 2 | | | 0.2 | | | | |

### 3. 观测锯齿波与三角波信号

按图6-3-5连接电路，调节函数信号发生器，产生一个锯齿波信号，幅度与频率的要求同上述矩形信号，用双踪示波器进行观测，调节 SYM 或 SYMMETRY 旋钮，观察锯齿波与三角波之间的转换,完成表6-3-3。

表6-3-3 测量锯齿波信号与三角波信号

|  | 幅度 | 周期 |
|---|---|---|
| 锯齿波信号 |  |  |
| 三角波信号 |  |  |

4. 观测双踪示波器两个通道中正弦信号的相位差

(1) 按图6-3-6连接电路,函数信号发生器产生一个正弦信号,频率显示为8 kHz,幅度显示电压峰-峰值为2 V左右,用双踪示波器CH1(Y1)和CH2(Y2)同时显示该信号波形。

(2) 调整两通道显示的波形,完成表6-3-4中CH2极性"+"部分。

(3) 将CH2(Y2)极性选择为"-",完成表6-3-4中CH2极性"-"部分。

图6-3-6 观测相位差的电路

表6-3-4 测量双踪示波器两个通道中正弦信号的相位差

| 相位差 |  | CH2 极性"+" | CH2 极性"-" |
|---|---|---|---|
| 理论值 |  |  |  |
| 双踪示波器测量值 | $B$ |  |  |
|  | $A$ |  |  |
|  | 相位差 |  |  |

说明:为了减小测量误差,应调整周期所占格数$A$为接近10的整数,再读两个波形间相差格数$B$的大小。

5. 观测叠加在直流偏置上的正弦信号(测量方法见示波器使用介绍部分)

(1) 按照图6-3-4连接电路,函数信号发生器产生一个$T=1$ ms,$U_P=2$ V(以双踪示波器上显示波形的读数为准)的正弦信号,如图6-3-7(a)所示。

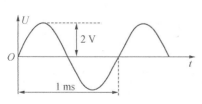

(a) 没有叠加直流分量的正弦信号

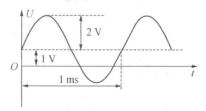

(b) 叠加直流分量的正弦信号

图6-3-7 正弦信号波形

（2）调节函数信号发生器上的 OFFSET 旋钮或 DC OFFSET 旋钮，产生一个叠加在直流偏置上的正弦信号，如图 6-3-7(b)所示，要求：用双踪示波器测量出该信号直流分量为 1 V，交流分量峰值为 2 V。

（3）完成表 6-3-5 中各仪表可测量或显示的项目数据，比较步骤（1）和（2）中的两个波形。

表 6-3-5　测量叠加直流分量的正弦信号

| | 直流分量 | 交流分量 | | | |
| --- | --- | --- | --- | --- | --- |
| | | 振幅 | 有效值 | 周期 | 频率 |
| 双踪示波器 | 1 V | 2 V | | 1 ms | |
| 交流电压表 | | | | | |
| 函数信号发生器 | | | | | |

### 6.3.4　Multisim 仿真分析

1. 正弦信号的测量

（1）按照表 6-3-1 的要求，在 Multisim 中调用函数信号发生器、双踪示波器和万用表，连接电路（注意函数信号发生器输出端口的接法），如图 6-3-8 所示。

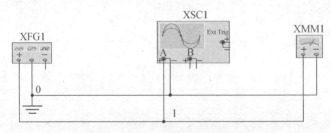

图 6-3-8　正弦信号测量电路

（2）设置【函数发生器】面板上相关参数：波形选择【～】，频率大小选择【10】，频率单位选择【kHz】，振幅大小选择【5.6】。

（3）仿真后，改变幅度数据，使【万用表】面板显示为 4 V。

（4）双击示波器图标，在【示波器】面板上观察该正弦信号波形。

（5）单击【示波器】面板上的【反向】按钮，反转示波器背景颜色，如图 6-3-9 所示。

（6）设置示波器参数，移动游标至合适位置，读出游标测量参数显示区内峰值和周期。

（7）比较此时【函数发生器】面板上的幅度数据。

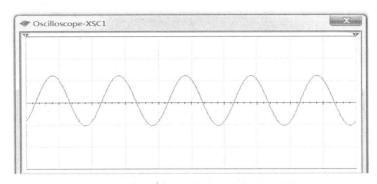

图 6-3-9 测量正弦信号时示波器显示的波形图

**2. 矩形信号和锯齿波的测量**

参照图 6-3-8,删除万用表,根据波形要求设置【函数发生器】面板上的各项参数,特别注意三角波和锯齿波以及占空比的选择;设置【示波器】面板上的各项参数;显示波形,读取相关测量数据。

改变占空比的参数设置,观察波形的变化情况。

**3. 同频率正弦信号间相位差的测量**

（1）由示波器 B 通道极性控制产生的相位差的测量

在 Multisim 中调用函数信号发生器和示波器,设置【函数发生器】面板上的各项参数,连接电路,如图 6-3-10 所示,A、B 通道显示波形后,设置 B 通道极性为"-",读出周期和两波形相差的时间多少（也可换算成所占格数）,即可计算出相位差。

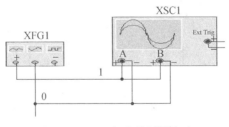

图 6-3-10 相位差测量电路

（2）函数信号发生器"+""-"端输出波形间相位差的测量

参照上述方法,用示波器直接显示函数信号发生器的"+""-"端输出波形,显示屏显示两波形时,完成相位差的测量。

**4. 叠加在直流偏置上的正弦信号的测量**

在 Multisim 中按照图 6-3-8 连接电路,开始仿真。

（1）在【示波器】面板上将通道 A 设置为交流显示,并且设置 $y$ 轴的参数,使扫描基线与某一刻度线重合,如图 6-3-11 中粗线所示,即确定了电压 0 V 刻度线的位置。

（2）按照表 6-3-5 的要求,设置【函数发生器】面板上的各项参数,特别注意直流偏置的设置,产生一个叠加在直流偏置上的正弦信号。

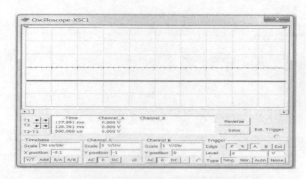

**图 6-3-11  确定电压 0 V 刻度线的位置**

（3）将【示波器】面板上的通道 A 改设为直流显示，示波器显示该波形。

（4）读出直流电压及交流信号各参数。

（5）再次将【示波器】面板上的通道 A 设置为交流显示，与（3）中显示的信号对比，找出它们的共同点和不同点。

## 6.3.5  思考题

（1）如果用万用表替代交流电压表测量表 6-3-1 中两个正弦信号的电压幅度，结果会怎样？为什么？

（2）能否使用用万用表或交流电压表测量表 6-3-2 中矩形信号的电压幅度？为什么？

（3）用双踪示波器观测一个周期矩形信号，波形与测量数据如图 6-3-12 所示，请回答：

**图 6-3-12  某一周期性矩形信号的波形**

①函数信号发生器的输出频率和输出幅度应如何预置？

②若使 $U_{P-P}$ 在显示屏上所占的格数发生变化，可以通过改变函数信号发生器的幅度旋钮、示波器垂直偏转灵敏度旋钮或垂直偏转灵敏度微调旋钮三种方法实现。这三种调整方法影响该波形的测量结果吗？为什么？

③若调整脉宽 $\tau = 20~\mu s$，有几种调整方法？如何实现？

（4）双踪示波器扫描速度微调旋钮的调整影响相位差的测量结果吗？为什么？

## 6.4　单级放大电路

### 6.4.1　实验目的

(1) 掌握放大器静态工作点的调试方法及其对放大器性能的影响。

(2) 掌握放大器主要性能指标的测量方法。

(3) 进一步掌握 Multisim 仿真分析在模拟电子电路实验中的应用。

### 6.4.2　实验原理

#### 1. 实验电路

单级放大电路是构成多级放大器和复杂电路的基本单元,其功能是在不失真的条件下,对输入信号进行放大。共射、共集、共基是放大电路的三种基本形式,在低频电路中,共射、共集电路比共基电路应用更为广泛。本次实验仅研究共射电路。图 6-4-1 所示的实验电路是一种最常用的共射放大电路,采用的是分压式电流负反馈偏置电路。

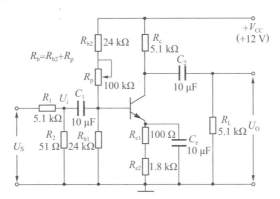

图 6-4-1　单级共射放大器实验电路

电路中,上偏置电阻 $R_b$ 由 $R_{b2}$ 和 $R_p$ 串联组成,$R_p$ 是为调节三极管静态工作点而设置的可调电位器;$R_{b1}$ 为下偏置电阻;$R_c$ 为集电极电阻;$R_{e1}$ 和 $R_{e2}$ 为发射极电流负反馈电阻,起到稳定直流工作点的作用;$C_1$ 和 $C_2$ 为交流耦合电容;$C_e$ 为射级旁路电容,为交流信号提供通路;$R_L$ 为负载电阻。当在放大器的输入端加入输入信号后,在放大器的输出端便可以得到一个与输入相位相反,幅值被放大了的输出信号,从而实现电压放大。

在本实验中,在交流信号输入端有一个由 $R_1$ 和 $R_2$ 组成的 1/101 的分压器,这是因为信号源是有源仪器,当其输出电压较小时,其输出的信噪比随输出信号的减小而降低,所以输出信号电压幅值有下限。例如,目前使用的数字式信号源输出正弦电压的最小值为 50 mV,若直接将其作为输入,本实验用的放大器将严重限幅。电阻是无源元件,而且阻值较小,由分压器增加的噪声甚少,所以用电阻分压器可得到信噪比较高的小信号。

2. 静态工作点的测量与调试

放大器必须设置合适的静态工作点 $Q$ 才能不失真地放大信号。分压偏置放大电路具有稳定 $Q$ 点的作用,在实际电路中应用广泛。在如图 6-4-1 所示的电路中,当流过偏置电阻 $R_b$ 和 $R_{b1}$ 的电流远大于静极电流 $I_B$(一般为 5~10 倍)时,则放大电路的静态工作点可用下式估算:

$$U_{BQ} \approx \frac{R_{b1}}{R_b + R_{b1}} V_{CC}$$

$$I_{CQ} \approx I_{EQ} = \frac{U_{BQ} - U_{BEQ}}{R_e}, \quad R_e = R_{e1} + R_{e2}$$

$$I_{BQ} = \frac{I_{CQ}}{\beta}$$

$$U_{CEQ} = V_{CC} - I_{CQ}(R_c + R_e)$$

(1) 静态工作点的测量

放大器静态工作点的测量应在输入信号 $u_i = 0$ 的情况下进行,即将放大器输入端与地端短接,然后选用量程合适的直流毫安表和直流电压表,分别测量晶体管的集电极电流以及各电极对地的电位。

在本实验中主要测量三极管静态集电极电流 $I_{CQ}$,通常可采用直接测量法或间接测量法,如图 6-4-2 所示。直接测量法就是把电流表串接在集电极电路中,直接由电流表读出

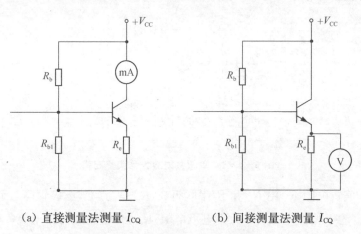

(a) 直接测量法测量 $I_{CQ}$      (b) 间接测量法测量 $I_{CQ}$

**图 6-4-2　静态工作点的测量电路**

$I_{CQ}$;间接测量法是用电压表测量发射极电阻 $R_e$ 或集电极电阻 $R_c$ 两端的电压,再用电压除以所测电阻,换算出 $I_{CQ}$。直接测量法直观、准确,但不太方便,因为必须断开电路,串入电流表;间接测量法方便,但不够直观、准确。

(2) 静态工作点的调试

放大器静态工作点的调试指对晶体管集电极电流 $I_{CQ}$(或 $U_{CEQ}$)的调整与测试。静态工作点是否合适对放大器的性能和输出波形都有很大影响。如工作点偏高,放大器在加入交

流信号以后易产生饱和失真,此时 $u_o$ 的负半周将被削底,如图 6-4-3(a)所示;如果静态工作点偏低,则易产生截止失真,即 $u_o$ 的正半周被缩顶(一般截止失真不如饱和失真明显),如图 6-4-3(b)所示。这些情况都不符合不失真放大的要求。所以在选定工作点以后还必须进行动态调试,即在放大器的输入端加入一定的输入电压 $u_i$,检查输出电压 $u_o$ 的大小和波形是否满足要求,如不满足,则应调节静态工作点的位置。

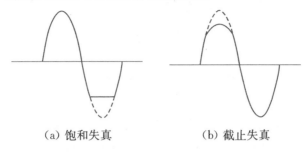

（a）饱和失真　　　　（b）截止失真

**图 6-4-3　静态工作点对 $u_o$ 波形失真的影响**

3. 放大电路动态指标的测量

放大电路动态指标包括电压放大倍数、输入电阻、输出电阻、最大不失真输出电压(动态范围)和通频带等。

(1) 电压放大倍数 $A_u$ 的测量

电压放大倍数 $A_u$ 是输出电压 $U_o$ 与输入电压 $U_i$ 之比。$A_u$ 应在输出电压波形不失真的条件下进行测量(若波形已经失真,测出的 $A_u$ 就没有意义)。如图 6-4-1 所示的放大电路,其电压放大倍数 $A_u$ 可由如下公式计算:

$$A_u = \frac{U_o}{U_i} = -\beta \frac{R_L'}{R_i}$$

其中,$\beta$ 为三极管交流放大系数;$R_L'$ 为放大电路交流等效负载,$R_L' = R_c // R_L$;$R_i$ 为从放大器输入端看进去的等效电阻。

(2) 输入电阻 $R_i$ 的测量

放大电路与信号源相连接就成为信号源的负载,必然从信号源索取电流,电流的大小表明放大电路对信号源的影响程度。输入电阻 $R_i$ 是从放大电路输入端看进去的等效电阻。实验中通常采用换算法测量输入电阻,测量电路如图 6-4-4 所示,其中 $R$ 为一已知电阻,称为取样电阻。

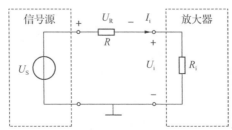

**图 6-4-4　输入电阻的测量电路**

因此，输入电阻 $R_i$ 为：

$$R_i = \frac{U_i}{I_i} = \frac{U_i}{(U_S - U_i)/R} = \frac{U_i}{U_S - U_i}R$$

测量时应注意以下几点：

①由于电阻 $R$ 两端没有电路公共接地点，所以测量 $R$ 两端电压 $U_R$ 时，必须分别测出 $U_S$ 和 $U_i$，然后按 $U_R = U_S - U_i$ 求出 $U_R$ 值。

②电阻 $R$ 的值不宜取得过大或过小，以免产生较大的测量误差，通常取 $R$ 与 $R_i$ 为同一数量级为好。

③测量时，放大器的输出端接上负载电阻 $R_L$，并用示波器监视输出波形。要求在波形不失真的条件下进行上述测量。

（3）输出电阻 $R_o$ 的测量

任何放大电路的输出都可以等效成一个有内阻的电压源，从放大电路输出端看进去的等效内阻称为输出电阻 $R_o$。$R_o$ 的大小反映放大器带负载的能力，其值越小，带负载能力越强。实验中仍然采用换算法测量 $R_o$，测量电路如图 6-4-5 所示。

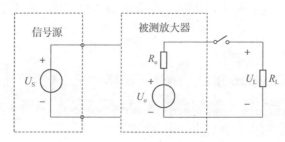

**图 6-4-5  输出电阻的测量电路**

在放大器正常工作条件下，测出输出端不接负载 $R_o$ 的输出电压 $U_o$ 和接入负载后的电压 $U_L$，则有：

$$U_L = \frac{R_L}{R_o + R_L}U_o$$

即可求出：

$$R_o = \left(\frac{U_o}{U_L} - 1\right)R_L$$

在实验中应注意，必须保持接入 $R_L$ 的前后输入信号的大小不变。

（4）放大电路幅频特性的测量

放大器的幅频特性是指在输入正弦信号时放大器电压增益 $A_u$ 随信号源频率而变化的稳态响应。当输入信号频率太高或太低时，输出幅度都会下降，而在中间频率范围内，输出幅度基本不变。

单管阻容耦合放大电路的幅频特性曲线如图 6-4-6 所示，$A_{um}$ 为中频电压放大倍数，通常规定电压放大倍数随频率变化下降到中频放大倍数的 $1/\sqrt{2}$ 倍即 $0.707A_{um}$ 所对应的频率分别称为下限频率 $f_L$ 和上限频率 $f_H$，则通频带 $f_{BW} = f_H - f_L$。

放大器的幅频特性就是测量不同频率信号时的电压放大倍数 $A_u$。为此，可采用前述测 $A_u$ 的方法，每改变一个信号频率，测量其相应的电压放大倍数。测量时应注意取点要恰当，在低频段与高频段应多测几点，在中频段可以少测几点。此外，在改变频率时，要保持输出信号的幅度不变，且输出波形不得失真。

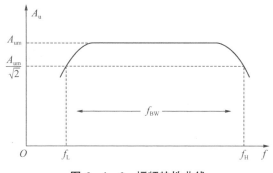

**图 6-4-6  幅频特性曲线**

## 6.4.3  实验内容与步骤

**1. 实验电路**

(1) 用万用表判断实验箱上三极管的极性和好坏、电容的极性和好坏。

(2) 按图 6-4-1 连接电路(注意：接线前先测量 +12 V 电源，关断电源后再连线)，将 $R_p$ 的阻值调到最大位置。

(3) 接线完毕应仔细检查，确定无误后再接通电源。改变 $R_p$，记录 $I_C$ 分别为 0.5 mA、1 mA、1.5 mA 时三极管的 $\beta$ 值(注意：$\beta = \dfrac{I_C}{I_B}$，$I_B + \dfrac{V_B}{R_{b1}} = \dfrac{V_{CC} - V_B}{R_{b2} + R_p}$)。

**2. 静态工作点的调整与测量**

(1) 调整 $R_p$，使所测 $U_{CE}$ 为 $\left(\dfrac{1}{4} \sim \dfrac{1}{2}\right) V_{CC}$，使三极管工作在放大区。

(2) 输入频率为 1 kHz、幅度适中的正弦波交流信号，用示波器测量放大电路的输出波形，同时调节 $R_p$，以获得最大不失真输出波形。

(3) 令输入信号为 0，测量静态工作点的参数，将数据填入表 6-4-1。

**表 6-4-1  静态工作点的测量与计算结果**

| 测量值 | | | | 计算值 | |
|---|---|---|---|---|---|
| $U_{BEQ}(V)$ | $U_{CEQ}(V)$ | $U_{EQ}(V)$ | $R_b(k\Omega)$ | $I_{BQ}(\mu A)$ | $I_{CQ}(mA)$ |
| | | | | | |

注：$I_{CQ} \approx I_{EQ} = \dfrac{U_{EQ}}{R_e}$。

### 3. 放大电路动态性能研究

（1）将低频信号设置为频率为 1 kHz、峰-峰值为 1 000 mV 的正弦波，接到放大器输入端 $U_S$，用示波器观察 $U_o$ 和 $U_i$ 的波形，并比较相位（因 $U_i$ 幅度太小，不易测出，可直接测 $U_S$ 端）。

（2）保持信号源频率不变，逐渐加大信号幅度，观察波形不失真时的最大值，并填入表6-4-2中（由于 $U_i$ 幅值太小，示波器观测不清楚，因为 $U_i$ 是由 $U_S$ 衰减至 1/100 后得到的，这样可直接由 $U_S$ 来换算，后面的实验都可采用这种方法）。

表6-4-2　放大倍数的测量与计算结果（$R_L = \infty$）

| 测量值 | | 测量计算值 | 理论计算值 |
|---|---|---|---|
| $U_i$(mV) | $U_o$(V) | $A_u$ | $A_u$ |
| | | | |
| | | | |
| | | | |

（3）保持 $U_S = 1\,000$ mV 不变，放大器接入负载 $R_L$，在改变 $R_c$ 数值的情况下测量，并将结果填入表6-4-3。

表6-4-3　动态性能研究（给定 $R_c$、$R_L$）

| 给定参数 | | 测量值 | | 测量计算值 | 理论计算值 |
|---|---|---|---|---|---|
| $R_c$ | $R_L$ | $U_i$(mV) | $U_o$(V) | $A_u$ | $A_u$ |
| 470 Ω | 5.1 kΩ | | | | |
| 470 Ω | 2.2 kΩ | | | | |
| 5.1 kΩ | 5.1 kΩ | | | | |
| 5.1 kΩ | 2.2 kΩ | | | | |

（4）输出电压波形失真的观测

保持 $U_S = 1\,000$ mV 不变，调整 $R_p$ 使阻值最大，输出电压波形出现截止失真；调整 $R_p$ 使阻值最小，输出电压波形出现饱和失真；观测截止失真和饱和失真，将有关测量数据记入表6-4-4（若输出波形失真不明显，可适当加大输入信号）。

表6-4-4　输出电压波形失真的观测结果

| 测量内容 | 截止失真 | 饱和失真 |
|---|---|---|
| $U_{CE}$(V) | | |
| $I_{CQ}$(mA) | | |
| $U_o$波形 | | |

4. 输入电阻、输出电阻的测量

（1）输入电阻的测量

按图 6-4-4 连接电路，在输入端串接一个电阻 $R=5.1\text{ k}\Omega$，测量 $U_S$ 与 $U_i$，即可计算得出 $R_i$。

（2）输出电阻的测量

在输出端接入可调电阻作为负载，选择合适的 $R_L$ 值使放大器输出不失真（接示波器监视），测量有负载和空载时的 $U_o$，即可计算得出输出电阻 $R_o$。

将上述测量及计算结果填入表 6-4-5 中。

**表 6-4-5　输出电压波形失真的观测结果**

| 测输入电阻 | | | 测输出电阻 | | |
|---|---|---|---|---|---|
| 测量值 | | 测量计算值 | 理论计算值 | 测量值 | | 测量计算值 | 理论计算值 |
| $U_S$ | $U_i$ | $R_i$ | $R_i$ | $U_o$ $R_L=\infty$ | $U_o$ $R_L=$ | $R_o$ | $R_o$ |
| | | | | | | | |
| | | | | | | | |
| | | | | | | | |

5. 放大器幅频特性曲线的测量

输入正弦信号，频率 $f=1\text{ kHz}$，峰-峰值为 $1\ 000\text{ mV}$。可取频率 $f=1\text{ kHz}=f_0$ 处的增益作为中频增益。保持输入信号幅度不变，改变输入信号的频率，用低频毫伏表逐点测出相应放大器输出电压有效值。将测量结果填入表 6-4-6 中，并画出放大器的幅频特性曲线。

**表 6-4-6　放大器幅频特性的测量结果**

| $f(\text{Hz})$ | $f_L=$ | $f_0=1\text{ kHz}$ | $f_H=$ |
|---|---|---|---|
| $U_o(\text{V})$ | | | |
| $A_u=\dfrac{U_o}{U_i}$ | | | |
| $f_{BW}=f_H-f_L$ | | | |
| 幅频特性曲线 $A_u\text{-}f$ 或 $U_o\text{-}f$ | | | |

### 6.4.4 Multisim 仿真分析

在 Multisim 中按图 6-4-1 调取所需元件,设定参数,连接电路,具体仿真电路如图 6-4-7 所示。

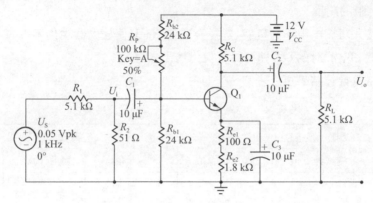

**图 6-4-7 仿真电路**

#### 1. 仿真实验 1:静态工作点的测量

按照实验内容与步骤调整放大电路的静态工作点,使输出波形不失真。断开信号源,测量三极管的静态工作点,如图 6-4-8 所示。

测量结果为:

$$U_{BEQ}=0.615 \text{ V}$$

$$U_{CEQ}=3.855 \text{ V}$$

$$U_{EQ}=2.219 \text{ V}$$

其他静态工作点的值可通过计算得到,同时将仿真结果与实验测量数据进行比较。

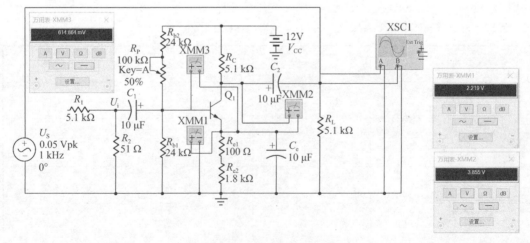

**图 6-4-8 静态工作点测量**

### 2. 仿真实验2:放大电路动态参数的测量

为了测量交流放大倍数,加入波特测试仪,可以同时测量放大倍数和通频带,如图6-4-9所示。双击波特测试仪(XBP1)图标,可以从【波特测试仪】面板读出电路的放大倍数,如图6-4-10所示。

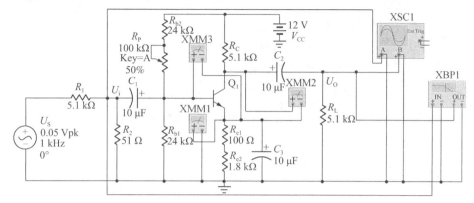

**图6-4-9　放大倍数和通频带的测量仿真电路**

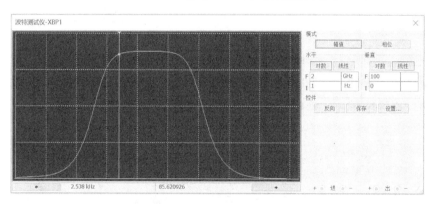

**图6-4-10　放大倍数读取**

输入电阻的测量仿真电路如图6-4-11所示,已知$U_S=100$ mV,利用示波器可以得到$U_i=44.95$ mV(如图6-4-12所示),利用输入电阻的计算公式,可以得到输入电阻$R_i$的值。

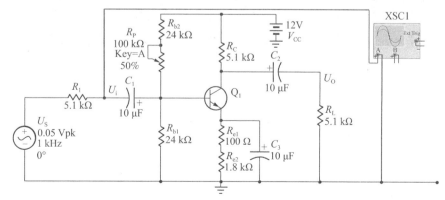

**图6-4-11　输入电阻的测量仿真电路**

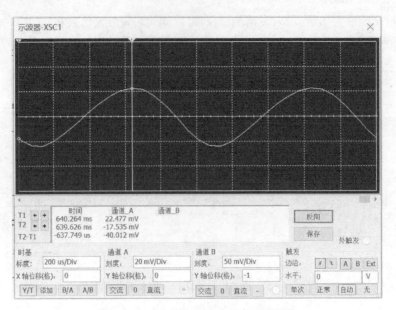

图 6-4-12　放大电路输入电压测量值

输出电阻的测量只需分别测量 $R_L = 5.1\ \mathrm{k\Omega}$ 和 $R_L$ 开路时的输出电压,利用示波器可读出相应的电压值,如图 6-4-13 和图 6-4-14 所示,分别为 3.22 V 和 5.716 V,通过输出电阻计算公式即可得到输出电阻值。

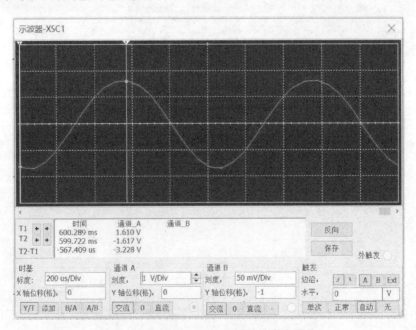

图 6-4-13　$R_L = 5.1\ \mathrm{k\Omega}$ 时的输出电压值

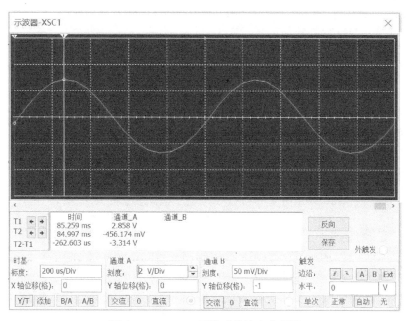

**图 6 - 4 - 14  $R_L$ 开路时的输出电压值**

3. 仿真实验 3：输出电压波形失真的观察

利用放大电路仿真实验电路，通过调整 $R_p$，观察放大电路的失真情况，观察截止失真和饱和失真。

4. 仿真实验 4：放大器幅频特性曲线的测量

通过图 6 - 4 - 10，测量电路的通频带的下限截止频率和上限截止频率。当输入频率为 1 kHz 时，输出信号的值为基准值，随着频率减小到一定程度，输出信号值会下降，当下降为基准值的 0.707 倍时，这时的频率为下限截止频率；随着输入信号频率的增加，也会出现输出信号值下降的情况，同理，会出现上限截止频率。

## 6.4.5  思考题

（1）在示波器上观察 NPN 型三极管共射放大电路输出波形的饱和失真和截止失真波形；若将三极管换成 PNP 型，其饱和失真和截止失真波形是否相同？

（2）静态工作点设置偏高或偏低，是否一定会出现饱和失真或截止失真？

（3）放大器的 $f_L$ 和 $f_H$ 与放大器的哪些因素有关？

（4）若输出波形有正半周或负半周削波失真，各是什么原因造成的？如何消除？

## 6.5 负反馈放大电路

### 6.5.1 实验目的

(1) 了解负反馈放大电路的工作原理。

(2) 加深理解负反馈对放大器性能的影响。

(3) 掌握负反馈放大器性能的测试方法。

(4) 进一步掌握 Multisim 仿真分析在模拟电子电路实验中的应用。

### 6.5.2 实验原理

实验电路如图 6-5-1 所示,是一电压串联负反馈电路,由两级普通放大器加上负反馈网络构成。负反馈在电子电路中有着广泛的应用,它虽然使电压放大倍数下降,但能在多方面改善放大电路的性能,如提高增益稳定性、改变输入/输出电阻、减小非线性失真和展宽通频带等。本实验以电压串联负反馈为例,研究分析负反馈对放大电路性能指标的影响。

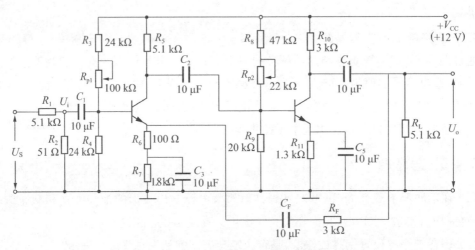

图 6-5-1 两级负反馈放大电路

1. 闭环电压放大倍数

计算公式如下:

$$A_{uf} = \frac{A_u}{1 + A_u F_u}$$

式中,$A_u = U_o / U_i$ 称为开环电压放大倍数;$F_u = \dfrac{R_6}{R_6 + R_F}$ 称为反馈系数;$(1 + A_u F_u)$ 称为反馈

深度,它与反馈放大电路的各项性能指标有着极其密切的关系,它的大小决定了负反馈对放大电路性能改善的程度。

**2. 闭环输入电阻**

计算公式如下:

$$r_{if} = (1 + A_u F_u) r_i$$

式中,$r_i$ 为无反馈时的输入电阻。可见,负反馈将输入电阻增大到 $r_i$ 的 $(1 + A_u F_u)$ 倍。

**3. 闭环输出电阻**

计算公式如下:

$$r_{of} = \frac{r_o}{1 + A_{uo} F_u}$$

式中,$r_o$ 为无反馈时两级放大器的输出电阻。$A_{uo}$ 为负载 $R_L$ 开路时的电压放大倍数。可见,负反馈降低了输出电阻,有稳定输出电压的作用。

**4. 增益稳定性**

增益稳定性是用增益的相对变化量来衡量的,增益的相对变化量越小,增益的稳定性就越高。

对闭环电压放大倍数求微分:

$$dA_{uf} = \frac{(1 + A_u F_u) dA_u - A_u F_u dA_u}{(1 + A_u F_u)^2} = \frac{dA_u}{(1 + A_u F_u)^2}$$

等式两边同时除以 $A_{uf}$ 可得:

$$\frac{dA_{uf}}{A_{uf}} = \frac{1}{1 + A_u F_u} \cdot \frac{dA_u}{A_u}$$

上式表明,负反馈放大器的增益稳定性是无反馈基本放大电路增益稳定性的 $1/(1 + A_u F_u)$,也就是说 $A_{uf}$ 的稳定性是 $A_u$ 的 $(1 + A_u F_u)$ 倍。

**5. 幅频特性**

引入负反馈可使放大电路的频带展宽。可以证明:引入交流负反馈后,通频带 $f_{BWf} \approx (1 + A_u F_u) f_{BW}$,即通频带展宽约 $(1 + A_u F_u)$ 倍。

### 6.5.3 实验内容与步骤

**1. 静态工作点的测量与调整**

按图 6-5-1 连接好实验电路。接通电源电压 $V_{CC} = +12$ V,测量两个三极管的静态参数,应满足 $U_{BEQ1} = U_{BEQ2} = 0.6 \sim 0.7$ V。调节 $R_{p1}$ 和 $R_{p2}$,使两个三极管的 $U_{CEQ1} = U_{CEQ2} = \left(\frac{1}{4} \sim \frac{1}{2}\right) V_{CC}$。将放大器静态时的测量数据记入表 6-5-1 中。

表 6-5-1　静态工作点的测量结果

| 参数 | $U_{EQ1}(V)$ | $U_{CEQ1}(V)$ | $U_{EQ2}(V)$ | $U_{CEQ2}(V)$ | $I_{CQ1}(mA)$ | $I_{CQ2}(mA)$ |
|------|------|------|------|------|------|------|
| 实测值 | | | | | | |

**2. 放大倍数的测量**

(1) 开环电压放大倍数

①按图 6-5-1 连接实验电路,$R_F$、$C_F$ 先不接入。

②输入端接入 $U_i=5$ mV,$f=1$ kHz 的正弦波(注意:输入 5 mV 信号采用输入端衰减法,即 $U_S$ 端接 500 mV,经衰减至 1/100 后得到 $U_i=5$ mV)。调整 $R_{p1}$ 和 $R_{p2}$,使输出不失真且无自激振荡。

③按表 6-5-2 的要求进行测量并填表。

④根据实测值计算开环电压放大倍数 $A_u=U_o/U_i$,并将结果填入表 6-5-2 中。

表 6-5-2　电压放大倍数的测量结果

| | $R_L(k\Omega)$ | $U_i(mV)$ | $U_o(mV)$ | $A_u(A_{uF})$ |
|------|------|------|------|------|
| 开环 | $\infty$ | 5 | | |
| | 1.5 kΩ | 5 | | |
| 闭环 | $\infty$ | 5 | | |
| | 1.5 kΩ | 5 | | |

(2) 闭环电压放大倍数

关闭电源,接入反馈网络支路 $R_F$ 和 $C_F$。然后开启电源,输入与测量开环电压放大倍数时相同的正弦波信号,适当调节电路,使放大器输出放大且不失真的正弦波。

按表 6-5-2 的要求进行测量并填表,根据实测值计算闭环电压放大倍数 $A_{uf}$ 并填表。

**3. 负反馈对失真的改善作用的分析**

(1) 将图 6-5-1 所示电路开环,即不接入 $R_F$ 和 $C_F$;$U_S$ 端接入 $f=1$ kHz 的正弦波,逐步增大幅度,使输出信号 $U_o$ 出现失真(但失真不严重),记录输出波形失真时输入信号的幅度。

(2) 接入反馈网络支路 $R_F$ 和 $C_F$,观察输出情况,并适当增加 $U_S$ 幅度,使输出信号 $U_o$ 接近开环失真时的波形幅度,记录输入信号幅度,并与开环输入幅度作比较。

(3) 画出上述过程中的实验波形图。

(4) 比较分析放大器在引入负反馈后对非线性失真的改善情况。

**4. 放大器频率特性的测量**

$U_S$ 端接入 $f=1$ kHz 的正弦波,调整信号幅度,使输出信号 $U_o$ 的幅度最大且不失真。

分别测出无反馈和有反馈时的输出电压 $U_o$ 和 $U_{oF}$。保持输入信号幅度不变,调节信号源频率,测出无反馈时的值和有反馈时的值(即 3 dB 衰减值),记录 3 dB 衰减所对应的下限频率 $f_L$ 和上限频率 $f_H$,并计算出通频带。在表 6-5-3 中记录相关数据。

表 6-5-3 频率特性的测量结果

| 基本放大电路(无反馈) | | 负反馈放大电路 | |
|---|---|---|---|
| $f=1$ kHz 时 $U_o$(mV) | | $f=1$ kHz 时 $U_{oF}$(mV) | |
| $0.707U_o$(mV) | | $0.707U_{oF}$(mV) | |
| $f_{L1}$(kHz) | | $f_{L2}$(kHz) | |
| $f_{H1}$(kHz) | | $f_{H2}$(kHz) | |
| $f_{BW1}=f_{H1}-f_{L1}$(kHz) | | $f_{BW2}=f_{H2}-f_{L2}$(kHz) | |

### 6.5.4 Multisim 仿真分析

在 Multisim 中按图 6-5-1 调取所需元件,设定参数,连接电路,具体仿真电路如图 6-5-2 所示。

**1. 负反馈对失真的改善作用**

将图 6-5-2 中开关 $S_1$ 断开,双击电路窗口中的信号源符号,设置信号源频率为 $f=1$ kHz,幅度为 500 mV。也可以逐步增加幅度,用示波器观察,使输出信号发生失真,如图 6-5-3(a) 所示(注意不要过分失真)。然后将开关 $S_1$ 闭合,从图 6-5-3(b)可以观察到输出波形的失真得到明显的改善。

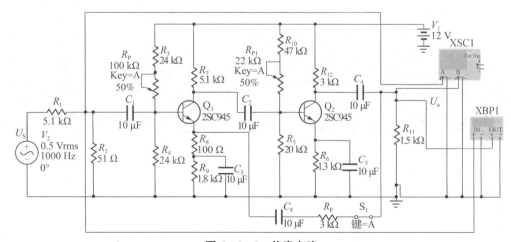

图 6-5-2 仿真电路

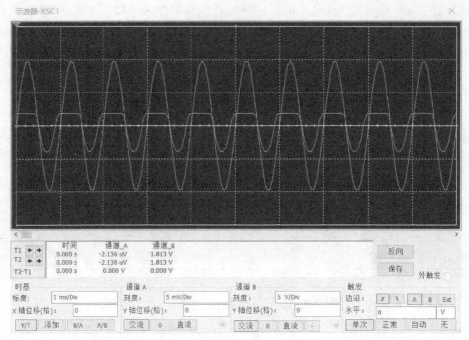

（a）无反馈

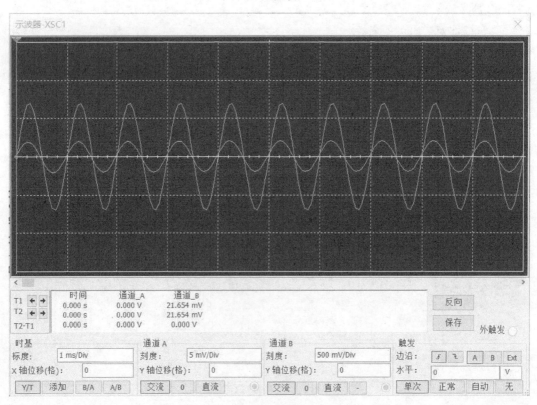

（b）有反馈

**图 6 - 5 - 3 负反馈对放大电路失真的改善**

### 2. 负反馈对通频带的展宽

图 6－5－4 为加入负反馈前的幅频特性,标尺指示位置的参数为 40.069 dB、2.132 MHz。图 6－5－5 为加入负反馈后放大电路的幅频特性,标尺指示位置的参数为 23.714 dB、12.641 MHz。可见引入负反馈后,放大电路的通频带得到了展宽。

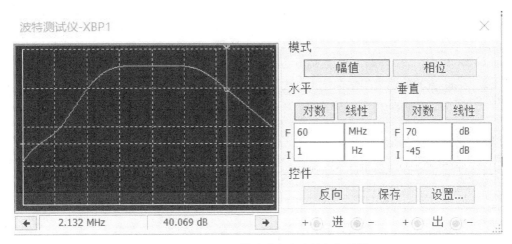

**图 6－5－4　无反馈时放大电路的幅频特性**

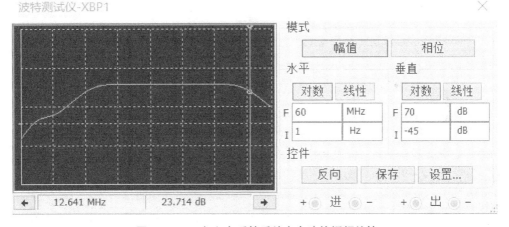

**图 6－5－5　加入负反馈后放大电路的幅频特性**

## 6.5.5　思考题

(1) 如何判断电路的静态工作点已经调好?

(2) 若输入信号存在失真,能否用负反馈来改善?

(3) 测量放大器性能指标时对输入信号的频率和幅度有何要求?

(4) 怎样判断放大器是否存在自激振荡? 如何进行消振?

## 6.6 差分放大电路

### 6.6.1 实验目的

（1）加深对差分放大器工作原理和性能的理解。

（2）掌握差分放大器的基本测试方法。

（3）熟悉双电源的接法以及用示波器观察信号波形的相位关系。

### 6.6.2 实验原理

差分放大电路是由两个对称的单管放大电路组成的，如图 6-6-1 所示。差分放大器具有较大的零点漂移抑制能力，因此应用十分广泛，特别是在模拟集成电路中常作为输入级或中间放大级。

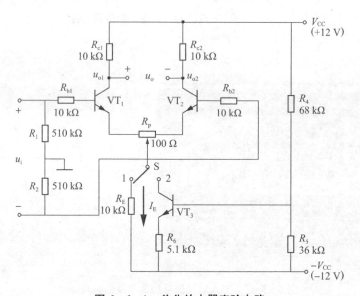

图 6-6-1　差分放大器实验电路

在图 6-6-1 所示的电路中，当开关 S 拨向 1 时，构成典型的差分放大电路。当处于静态时，由于电路对称，两管的集电极电流相等，管压降也相等，所以总的输出变化电压 $u_o=0$。当有信号输入时，因每个均压电阻 $R_1$ 和 $R_2$ 相等，所以在两个晶体管 $T_1$ 和 $T_2$ 的基极加入两个大小相等、方向相反的差模信号电压，即：

$$u_{i1}=-u_{i2}=\frac{u_{id}}{2}$$

双端输入时，差模电压放大倍数为：

$$A_{ud} = \frac{u_o}{u_{id}} = \frac{u_{o1} - u_{o2}}{u_{id}}$$

由于 $u_{i1} = -u_{i2}$，故 $u_{id} = u_{i1} - u_{i2} = 2u_{i1} = -2u_{i2}$；又由于 $u_{o1} = -u_{o2}$，故 $u_{o1} - u_{o2} = 2u_{o1} = -2u_{o2}$。代入上式得：

$$A_{ud} = \frac{u_{o1}}{u_{i1}} = \frac{u_{o2}}{u_{i2}}$$

由此可见，双端输出时的差模电压放大倍数等于单管放大器的电压放大倍数。

事实上要求电路参数完全对称是不可能的，实际应用中常采用恒流偏置差分放大电路，即将图 6-6-1 中的开关 S 拨向 2。用晶体管作恒流源代替电阻 $R_E$，恒流源对差模信号没有影响，但抑制共模信号的能力增强。

共模抑制比 $K_{CMR}$ 用于表征差分放大器对差模信号的放大能力和对共模信号的抑制能力，其定义为差分放大器的差模电压增益 $A_{ud}$ 与共模电压增益 $A_{uc}$ 之比的绝对值：

$$K_{CMR} = \left| \frac{A_{ud}}{A_{uc}} \right|$$

### 6.6.3　实验内容与步骤

**1. 典型差分放大电路的性能测量**

（1）静态工作点的测量

将图 6-6-1 所示电路中的开关 S 拨向 1，构成典型的差分放大电路。将输入端短路并接地，接通直流电源，调节电位器 $R_p$，使双端输出电压 $u_o = 0$。

用万用表测量 $T_1$ 和 $T_2$ 的各级电位，将数据记入表 6-6-1 中。

**表 6-6-1　静态工作点的测量和计算结果**

| 参数 | $U_{C1}(V)$ | $U_{B1}(V)$ | $U_{E1}(V)$ | $U_{C2}(V)$ | $U_{B2}(V)$ | $U_{E2}(V)$ | $U_{EE}(V)$ |
|---|---|---|---|---|---|---|---|
| | | | | | | | |
| 计算值 | $I_C(mA)$ | | $I_B(mA)$ | | | $I_E(mA)$ | |
| | | | | | | | |

用万用表测量发射极电阻 $R_E$ 两端电压 $U_{EE}$，用如下公式估算静态工作点电流：

$$I_E = \frac{U_{EE}}{R_E}$$

$$I_{C1} = I_{C2} = \frac{1}{2} I_E$$

将计算结果填入表 6-6-1 中。

（2）共模电压放大倍数的测量

当两个输入端所加信号为大小相等且极性相同的输入信号时，称这两个信号为共模信号。若电路的结构和参数完全对称，则双端输出时的共模电压放大倍数为：

$$A_{uc} = \frac{u_o}{u_{ic}} = \frac{u_{o1} - u_{o2}}{u_{ic}} = 0$$

单端输出时,由于每管的发射极上均带有 $2R_E$ 的电阻,故共模电压放大倍数也大大降低,即:

$$A_{uc1} = A_{uc2} = -\frac{\beta R_c}{R_b + r_{be} + (1+\beta)\left(\dfrac{R_p}{2} + 2R_E\right)} \approx -\frac{R_c}{2R_E}$$

调节信号源,使输入信号 $f = 1\ \text{kHz}$,幅度为 $1\ \text{V}$,同时加到两个输入端上,就构成了共模信号输入。用交流毫伏表测量 $u_{o1}$ 和 $u_{o2}$,记入表 6-6-2 中,并用示波器观察 $u_i$、$u_{o1}$、$u_{o2}$ 之间的相位关系。

(3)差模电压放大倍数的测量

差模信号是一对大小相等、极性相反的信号。当差分放大器的射极电阻 $R_E$ 足够大或者采用恒流源偏置电路时,差模电压放大倍数 $A_{ud}$ 由输出方式决定,而与输入方式无关。

双端输出时($R_p$ 在中间位置),差模电压放大倍数为:

$$A_{ud} = \frac{u_o}{u_{id}} = \frac{u_{o1} - u_{o2}}{u_{id}} = -\frac{\beta R_c}{R_b + r_{be} + (1+\beta)\dfrac{R_p}{2}}$$

若在双端输出端接有负载,则差模电压放大倍数为:

$$A_{ud} = \frac{u_o}{u_{id}} = \frac{u_{o1} - u_{o2}}{u_{id}} = -\frac{\beta\left(R_c // \dfrac{R_L}{2}\right)}{R_b + r_{be} + (1+\beta)\dfrac{R_p}{2}}$$

单端输出时,放大倍数是双端输出时的一半,即:

$$A_{ud1} = \frac{1}{2} A_{ud}$$

$$A_{ud2} = -\frac{1}{2} A_{ud}$$

将其中一个输入端接函数信号发生器,另一输入端接地,即可构成单端输入方式,调节输入信号为频率 $f = 1\ \text{kHz}$ 的正弦信号,逐渐增大输入电压到 $100\ \text{mV}$ 时,在输出波形无失真的情况下,用交流毫伏表测量 $u_{o1}$ 和 $u_{o2}$,记入表 6-6-2 中,并用示波器观察 $u_i$、$u_{o1}$、$u_{o2}$ 之间的相位关系。

表 6-6-2  静态工作点的测量

| 参数 | 典型差分放大电路 | | 具有恒流源的差分放大电路 | |
|---|---|---|---|---|
| | 单端输入 | 共模输入 | 单端输入 | 共模输入 |
| | 0.1 | 1 | 0.1 | 1 |
| $u_{o1}$ (V) | | | | |
| $u_{o2}$ (V) | | | | |

| 参数 | 典型差分放大电路 | | 具有恒流源的差分放大电路 | |
|---|---|---|---|---|
| | 单端输入 | 共模输入 | 单端输入 | 共模输入 |
| $A_{ud1}$ | | × | | × |
| $A_{ud}$ | | × | | × |
| $A_{uc1}$ | × | | × | |
| $A_{uc}$ | × | | × | |
| $K_{CMR}$ | | | | |

**2. 具有恒流源的差分放大电路的性能测量**

将图 6 - 6 - 1 所示电路中的开关 S 拨向 2,构成横流偏置差分放大电路。根据典型差分放大器电路中测量差模电压放大倍数和共模电压放大倍数的方法,完成相应实验,并将测量数据记入表 6 - 6 - 2 中。

### 6.6.4 Multisim 仿真分析

在 Multisim 中按图 6 - 6 - 1 调取所需元件,设定参数,连接电路,具体仿真电路如图 6 - 6 - 2 所示。

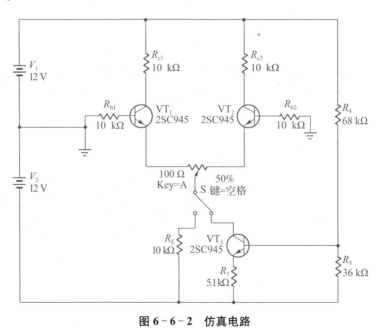

**图 6 - 6 - 2 仿真电路**

当输入共模信号时,仿真电路模型如图 6 - 6 - 3 所示,从图中可以看出若为双端输出,差分放大电路可以有效地抑制共模信号。

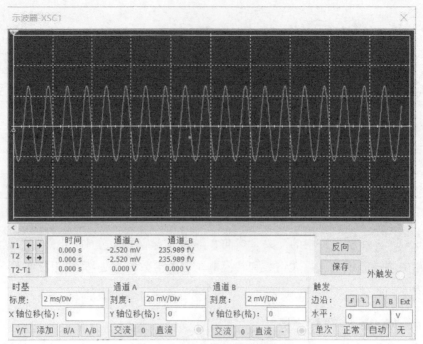

图 6-6-3　共模信号输出波形

当输入差分信号时，仿真电路模型如图 6-6-4 所示。

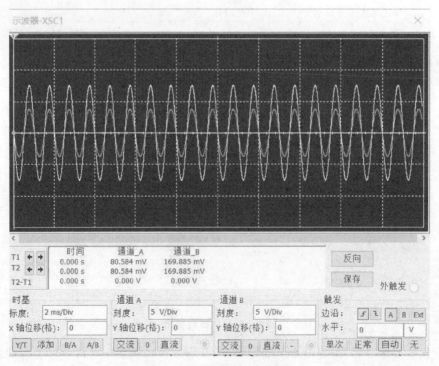

图 6-6-4　差模信号输出波形

### 6.6.5 思考题

（1）差分放大器是否可以放大直流信号？

（2）为什么要对差分放大器进行调零？

（3）增大或减小发射极电阻 $R_E$ 会对输出有何影响？

# 6.7 信号运算电路：比例求和运算电路

### 6.7.1 实验目的

（1）了解集成运算放大器 $\mu$A741 各引脚的作用。

（2）学习集成运算放大器的正确使用方法，测试集成运算放大器的传输特性。

（3）掌握用集成运算放大器的组成比例、求和电路的特点及性能。

（4）学会上述电路的测试和分析方法。

### 6.7.2 实验原理

集成运算放大器简称集成运放或运放，其基本特点是直接耦合、多级放大、增益极高，电压增益可以高达数十甚至数百万倍，因此是一种非常理想的放大器件，在实际电子通信系统中的使用极其广泛。

集成运放电路由四部分组成，包括输入级、中间级、输出级和偏置电路，如图 6-7-1 所示。它有两个输入端、一个输出端，图中所标 $u_+$、$u_-$、$u_o$ 均以地为公共端。

**图 6-7-1 集成运放的电路结构框图**

实验电路采用 $\mu$A741 集成运放，其外线排列及电路符号如图 6-7-2 所示。

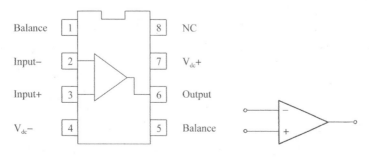

**图 6-7-2 $\mu$A741 集成运放外线排列及电路符号**

在分析各种实用电路时,通常将集成运放的性能指标理想化,即将其看成理想运放。而随着微电子设计与工艺水平的提高,集成运放的性能指标也越来越趋于理想化。因此,理想化集成运放不会带来太大的分析误差。

理想运放的性能指标如下:

① 开环差模电压增益 $A_{ud} \to \infty$;

② 差模输入电阻 $r_{id} \to \infty$;

③ 开环输出电阻 $r_{od} \to 0$;

④ 共模抑制比 $K_{CMR} \to \infty$;

⑤ 其他指标:带宽无穷大,失调电压、失调电流以及它们的温漂均为 0,输入偏置电流为 0。

理想运放工作在线性区时有两个重要特性:一是"虚短",即 $u_+ = u_-$;二是"虚断",即 $i_+ = i_- = 0$。上述两个特性是分析理想运放应用电路的基本原则,可简化运放电路的计算。

**1. 反相比例运算电路**

反相比例运算电路如图 6-7-3 所示。对于理想运放,该电路的输出电压与输入电压之间的关系为:

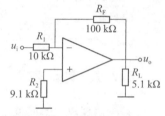

$$u_o = -\frac{R_F}{R_1} u_i$$

为了减小输入级偏置电流引起的运算误差,在同相输入端应接入平衡电阻 $R_2 = R_1 // R_F$。

图 6-7-3 反相比例运算电路

**2. 同相比例运算电路**

同相比例运算电路如图 6-7-4 所示,其输出电压与输入电压之间的关系为:

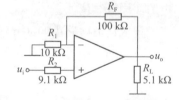

$$u_o = \left(1 + \frac{R_F}{R_1}\right) u_i$$

其中,$R_2 = R_1 // R_F$。

图 6-7-4 同相比例运算电路

当 $R_1 \to \infty$,$u_o = u_i$,即得到如图 6-7-5 所示的电压跟随器。

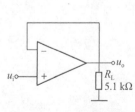

图 6-7-5 电压跟随器

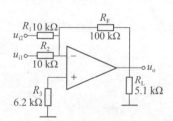

图 6-7-6 反相加法运算电路

**3. 反相加法运算电路**

反相加法运算电路如图 6-7-6 所示,其输出电压与输入电压之间的关系为:

$$u_o = -\left(\frac{R_F}{R_1}u_{i1} + \frac{R_F}{R_2}u_{i2}\right)$$

其中，$R_3$ 是 $R_1$、$R_2$ 和 $R_F$ 的并联对称电阻，$R_3 = R_1 // R_2 // R_F$。

**4. 减法运算电路**

减法运算电路如图 6-7-7 所示，其输出电压与输入电压之间的关系为：

$$u_o = \left(1 + \frac{R_F}{R_1}\right)\frac{R_3}{R_2 + R_3}u_{i2} - \frac{R_F}{R_1}u_{i1}$$

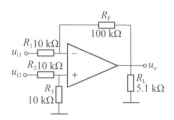

**图 6-7-7　减法运算电路**

### 6.7.3　实验内容与步骤

**1. 反相比例运算电路**

按图 6-7-3 连接实验电路，接通 ±12 V 电源，输入端对地短路，进行调零和消振。

（1）按表 6-7-1 所示内容进行实验并记录相关数据。

**表 6-7-1　反相比例运算电路的计算与测量结果（一）**

| 直流输入电压 $u_i$(mV) | | 30 | 100 | 300 | 1 000 | 3 000 |
|---|---|---|---|---|---|---|
| 输出电压 $u_o$ | 理论估算值(mV) | | | | | |
| | 实测值(mV) | | | | | |
| | 误差(mV) | | | | | |

（2）按表 6-7-2 所示内容进行实验并记录相关数据。

**表 6-7-2　反相比例运算电路的计算与测量结果（二）**

| 测试条件 | 理论估算值 | | | 实测值 | | |
|---|---|---|---|---|---|---|
| | $u_+$ | $u_-$ | $u_o$ | $u_+$ | $u_-$ | $u_o$ |
| $R_L$ 开路，$u_i = 0$ V | | | | | | |
| $R_L$ 开路，$u_i = 800$ mV | | | | | | |
| $R_L = 5.1$ kΩ，$u_i = 800$ mV | | | | | | |

**2. 同相比例运算电路**

按图 6-7-4 连接实验电路。

（1）按表 6-7-3 所示内容进行实验并记录相关数据。

**表 6-7-3　同相比例运算电路的计算与测量结果（一）**

| 直流输入电压 $u_i$（mV） | | 30 | 100 | 300 | 1 000 | 3 000 |
|---|---|---|---|---|---|---|
| 输出电压 $u_o$ | 理论估算值（mV） | | | | | |
| | 实测值（mV） | | | | | |
| | 误差（mV） | | | | | |

（2）按表 6-7-4 所示内容进行实验并记录相关数据。

**表 6-7-4　同相比例运算电路计算与测量结果（二）**

| 测试条件 | 理论估算值 | | | 实测值 | | |
|---|---|---|---|---|---|---|
| $R_L$ 开路，$u_i=0$ V | $u_+$ | $u_-$ | $u_o$ | $u_+$ | $u_-$ | $u_o$ |
| $R_L$ 开路，$u_i=800$ mV | | | | | | |
| $R_L=5.1$ kΩ，$u_i=800$ mV | | | | | | |

**3. 电压跟随器**

按图 6-7-5 连接实验电路，并按表 6-7-5 所示内容进行实验并记录相关数据。

**表 6-7-5　电压跟随器的测量结果**

| $u_o$（V） | $u_i$（V） | −2 | −0.5 | 0 | 0.5 | 1 |
|---|---|---|---|---|---|---|
| | $R_L=\infty$ | | | | | |
| | $R_L=5.1$ kΩ | | | | | |

**4. 反相加法运算电路**

按图 6-7-6 连接实验电路，并按表 6-7-6 所示内容进行实验并记录相关数据。

**表 6-7-6　反相加法运算电路的测量结果**

| $u_{i1}$（V） | 0.3 | −0.3 |
|---|---|---|
| $u_{i2}$（V） | 0.2 | 0.2 |
| $u_o$（V） | | |

**5. 减法运算电路**

按图 6-7-7 连接实验电路，并按表 6-7-7 所示内容进行实验并记录相关数据。

**表 6-7-7　减法运算电路的测量结果**

| $u_{i1}$（V） | 1 | 2 | 0.2 |
|---|---|---|---|
| $u_{i2}$（V） | 0.5 | 1.8 | −0.2 |
| $u_o$（V） | | | |

### 6.7.4 Multisim 仿真分析

**1. 反相比例运算电路**

在 Multisim 中按图 6-7-3 调取所需元件,设定参数,连接电路,具体仿真电路如图 6-7-8 所示。

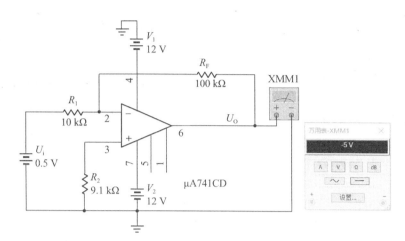

**图 6-7-8 反相比例运算仿真电路**

**2. 同相比例运算电路**

在 Multisim 中按图 6-7-4 调取所需元件,设定参数,连接电路,构成同相比例运算电路,如图 6-7-9 所示。

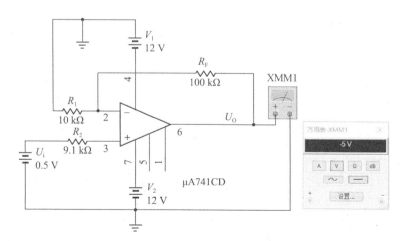

**图 6-7-9 同相比例运算仿真电路**

### 3. 电压跟随器

在 Multisim 中按图 6-7-5 调取所需元件,设定参数,连接电路,构成电压跟随器,如图 6-7-10 所示。

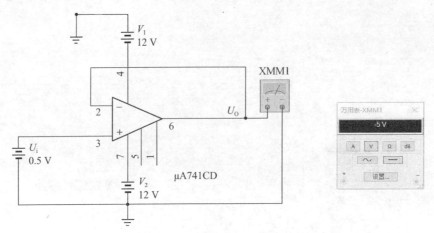

**图 6-7-10　电压跟随器仿真电路**

### 4. 反相加法运算电路

在 Multisim 中按图 6-7-6 调取所需元件,设定参数,连接电路,构成反相加法运算电路,如图 6-7-11 所示。

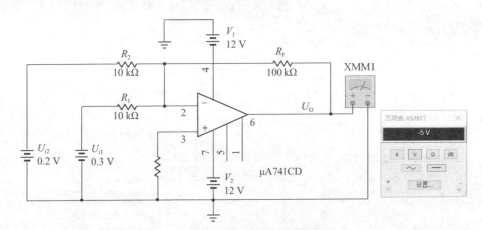

**图 6-7-11　反相加法运算仿真电路**

### 5. 减法运算电路

在 Multisim 中按图 6-7-7 调取所需元件,设定参数,连接电路,构成减法运算电路,如图 6-7-12 所示。

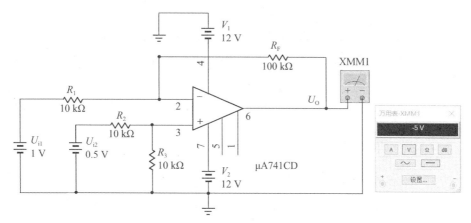

**图 6 - 7 - 12　减法运算仿真电路**

### 6.7.5　思考题

(1) 对集成运放如何实现调零?

(2) 如何用万用表粗测集成运放器件?

(3) 在实际应用中为防止操作错误而造成运放损坏,要注意哪些问题?

# 6.8　信号运算电路:积分和微分运算电路

### 6.8.1　实验目的

(1) 熟悉集成运算放大器 $\mu$A741 各引脚的作用。

(2) 学会用运算放大器组成积分、微分运算电路。

(3) 掌握积分、微分运算电路的特点及性能。

(4) 学会上述电路的测试和分析方法。

### 6.8.2　实验原理

**1. 积分运算电路**

积分运算电路是模拟计算机中的基本单元,利用它可以实现对微分方程的模拟;它也是控制和测量系统中的重要单元,利用它的充、放电过程,可以实现延时、定时以及产生各种波形。

图 6 - 8 - 1 是一个积分运算电路,它和反相比例放大电路的不同之处是用电容 $C$ 代替反馈电阻 $R_F$。对于理想运放,该电路的输出电压与输入电压之间的关系为:

$$u_o = -\frac{1}{C}\int i_C \mathrm{d}t = -\frac{1}{RC}\int u_i \mathrm{d}t$$

## 2. 微分运算电路

微分运算是积分运算的逆运算,图 6-8-2 所示为一个微分运算电路,它与积分运算电路的区别仅在于电容 $C$ 变换了位置。微分运算电路的输出电压与输入电压之间的关系为:

$$u_o = -i_R R = -RC \frac{du_i}{dt}$$

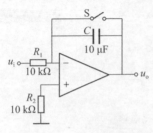
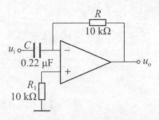

图 6-8-1　积分运算电路　　　　　图 6-8-2　微分运算电路

### 6.8.3　实验内容与步骤

#### 1. 积分运算电路

按图 6-8-1 连接实验电路,接通±12 V 电源,输入端对地短路,进行调零和消振。

(1) 取 $u_i = -1$ V,分别断开与接通开关 S,用示波器观察 $u_o$ 的变化。

(2) 将图 6-8-1 中积分电容改为 0.1 μF,断开 S,$u_i$ 分别输入频率为 100 Hz、幅值为 2 V 的方波和正弦波信号,观察 $u_i$ 和 $u_o$ 的大小及相位关系,并记录波形。

(3) 改变图 6-8-1 中输入信号 $u_i$ 的频率,观察 $u_i$ 和 $u_o$ 的相位、幅值关系。

(4) 自制表格,记录相关测量结果和信号波形。

#### 2. 微分运算电路

按图 6-8-2 连接实验电路,接通±12 V 电源。

(1) 输入正弦波信号,频率 $f = 200$ Hz,电压有效值为 1 V,用示波器观察 $u_i$ 和 $u_o$ 的波形并测量输出电压。

(2) 改变正弦波信号的频率(100~400 Hz),观察 $u_i$ 和 $u_o$ 的相位、幅值变化情况并记录。

(3) 输入方波信号,频率 $f = 200$ Hz,幅值为 5 V,用示波器观察 $u_o$ 的波形。改变输入信号的幅度,观察 $u_o$ 的波形有何变化。

(4) 自制表格,记录相关测量结果和信号波形。

#### 3. 积分-微分运算电路

实验电路如图 6-8-3 所示。

(1) 在 $u_i$ 输入频率为 200 Hz、幅值为 5 V 的方波信号,用示波器观察 $u_i$ 和 $u_o$ 的波形并记录。

(2) 将频率改为 500 Hz,重复上述实验。

（3）自制表格,记录相关测量结果和信号波形。

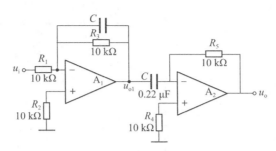

图 6-8-3 积分-微分运算电路

## 6.8.4 Multisim 仿真分析

### 1. 积分运算电路

在 Multisim 中按图 6-8-1 调取所需元件,设定参数,连接电路,具体仿真电路如图 6-8-4 所示。输入相应信号,例如输入方波信号,单击示波器图标,即可在【示波器】面板观察到输入、输出波形。

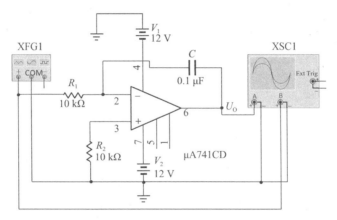

图 6-8-4 积分运算仿真电路

### 2. 微分运算电路

在 Multisim 中按图 6-8-2 调取所需元件,设定参数,连接电路,具体仿真电路如图 6-8-5 所示。输入相应信号,单击示波器图标,即可在【示波器】面板观察到输入、输出波形。

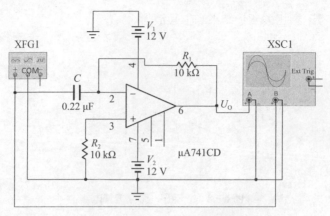

图 6-8-5　微分运算仿真电路

### 3．积分-微分运算电路

在 Multisim 中按图 6-8-3 调取所需元件，设定参数，连接电路，具体仿真电路如图 6-8-6 所示。输入相应信号，单击示波器图标，即可在【示波器】面板观察到输入、输出波形。

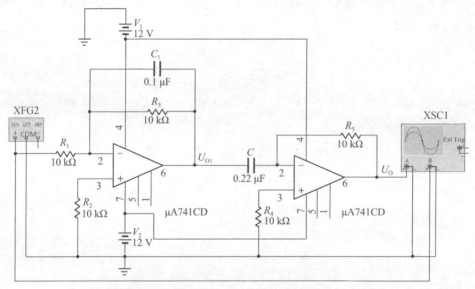

图 6-8-6　积分-微分运算仿真电路

# 6.9　电压比较器

### 6.9.1　实验目的

(1) 掌握比较器的电路构成及特点。

(2) 学会测试比较器的方法。

### 6.9.2 实验原理

电压比较器是对输入信号进行鉴幅与比较的电路,广泛应用于波形整形、波形变换以及信号发生等领域。

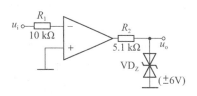

**图 6-9-1 过零比较器**

1. 过零比较器

图 6-9-1 所示为反相输入过零比较器,它利用两个背靠背的稳压管实现限幅。

集成运放处于工作状态时,由于理想运放的开环差模增益 $A_{ud} \rightarrow \infty$,因此,当 $u_i < 0$ 时,$u_o = +U_{OM}$($U_{OM}$为最大输出电压),$U_{OM} > U_Z$,导致上稳压管导通,下稳压管反向击穿,$u_o = +U_Z = 6$ V;当 $u_i > 0$ 时,$u_o = -U_{OM}$,导致上稳压管反向击穿,下稳压管正向导通,$u_o = -U_Z = -6$ V。

过零比较器的电压传输特性曲线如图 6-9-2 所示。

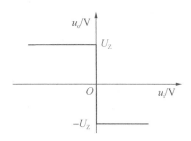

**图 6-9-2 过零比较器的电压传输特性曲线**

2. 反相输入迟滞比较器

图 6-9-3 所示为反相输入迟滞比较器。

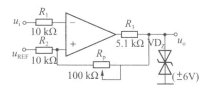

**图 6-9-3 反相输入迟滞比较器**

利用叠加原理可求得同相输入端的电位为:

$$u_+ = \frac{R_p}{R_2 + R_p} u_{REF} + \frac{R_2}{R_2 + R_p} u_o$$

若原来 $u_o = -U_Z$,当 $u_i$ 逐渐增大时,使 $u_o$ 从 $-U_Z$ 跳变到 $+U_Z$ 所需的门限电平用 $U_{T+}$ 表示:

$$U_{T+} = \frac{R_p}{R_2 + R_p} u_{REF} + \frac{R_2}{R_2 + R_p} U_Z$$

若原来 $u_o = +U_Z$,当 $u_i$ 逐渐减小时,使 $u_o$ 从 $+U_Z$ 跳变到 $-U_Z$ 所需的门限电平用 $U_{T-}$ 表示:

$$U_{T-} = \frac{R_p}{R_2 + R_p} u_{REF} - \frac{R_2}{R_2 + R_p} U_Z$$

上述两个门限电平之差称为回差,用 $\Delta U$ 表示:

$$\Delta U = U_{T+} - U_{T-} = \frac{2R_2}{R_2 + R_p} U_Z$$

门限宽度 $\Delta U$ 的值取决于 $U_Z$ 及 $R_2$、$R_p$ 的值,而与参考电压 $u_{REF}$ 无关,改变 $u_{REF}$ 的大小可同时调节 $U_{T+}$、$U_{T-}$ 的大小。反相输入迟滞比较器的电压传输特性曲线可左右移动,但曲线的宽度将保持不变,如图 6-9-4 所示。

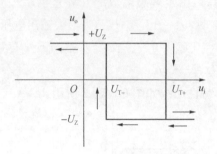

**图 6-9-4  反相输入迟滞比较器的电压传输特性曲线**

### 3. 同相输入迟滞比较器

图 6-9-5 所示为同相输入迟滞比较器。

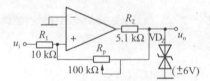

**图 6-9-5  同相输入迟滞比较器**

电路没有外加基准电压,故 $u_+ = u_- = 0$,利用叠加原理可得:

$$u_+ = \frac{R_p}{R_1 + R_p} u_i + \frac{R_1}{R_1 + R_p} u_o$$

故

$$U_{T+} = \frac{R_1}{R_p} U_Z$$

$$U_{T-} = -\frac{R_1}{R_p} U_Z$$

所以

$$\Delta U = U_{T+} - U_{T-} = 2\frac{R_1}{R_p} U_Z$$

同相输入迟滞比较器的电压传输特性曲线如图 6-9-6 所示。

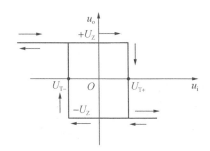

**图 6 - 9 - 6   同相输入迟滞比较器的电压传输特性曲线**

### 6.9.3  实验内容与步骤

1. 过零比较器

(1) 按图 6 - 9 - 1 连接实验电路,将 $u_i$ 悬空时测 $u_o$ 电压。

(2) $u_i$ 接频率为 500 Hz、有效值为 1 V 的正弦波信号,观察 $u_i$ 和 $u_o$ 的波形并记录(注意 $u_o$ 的正负值)。

(3) 改变 $u_i$ 幅值,观察 $u_o$ 波形的变化。

(4) 自制表格,记录相关测量结果和信号波形。

2. 反相输入迟滞比较器

(1) 按图 6 - 9 - 3 连接实验电路,将 $u_{REF}$ 接地并将 $R_p$ 调为 100 kΩ,$u_i$ 接直流电压源,调整 $u_i$,测出 $u_o$ 由 $+U_{OM}$ 跳变到 $-U_{OM}$ 时 $u_i$ 的临界值(测 $u_o$ 可用示波器直流挡来测,也可用三用表的直流挡来测)。

(2) 同上,测出 $u_o$ 由 $-U_{OM}$ 跳变到 $+U_{OM}$ 时 $u_i$ 的临界值。

(3) $u_i$ 接频率为 500 Hz、有效值为 2 V 的正弦波信号,观察并记录 $u_i$ 和 $u_o$ 的波形。

(4) 将电路中 $R_p$ 调为 50 kΩ,重复上述实验。

(5) 自制表格,记录相关测量结果和信号波形。

3. 同相输入迟滞比较器

(1) 参照反相迟滞比较器的实验方法自拟实验步骤及方法。

(2) 自制表格,记录相关测量结果和信号波形。

(3) 将结果与反相迟滞比较器作对比分析。

### 6.9.4  Multisim 仿真分析

1. 过零比较器

在 Multisim 中按图 6 - 9 - 1 调取所需元件,设定参数,连接电路,具体仿真电路如图 6 - 9 - 7 所示。输入相应信号,单击示波器图标,即可在【示波器】面板观察到输入、输出波形。

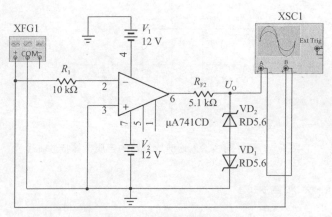

**图6-9-7　过零比较器仿真电路**

**2. 反相输入迟滞比较器**

在 Multisim 中按图6-9-3调取所需元件,设定参数,连接电路,具体仿真电路如图6-9-8所示。输入相应信号,单击示波器图标,即可在【示波器】面板观察到输入、输出波形。

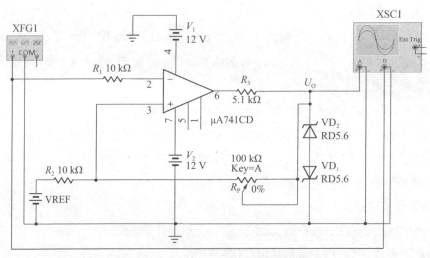

**图6-9-8　反相迟滞比较器仿真电路**

**3. 同相输入迟滞比较器**

在 Multisim 中按图6-9-5调取所需元件,设定参数,连接电路,具体仿真电路如图6-9-9所示。输入相应信号,单击示波器图标,即可在【示波器】面板观察到输入、输出波形。

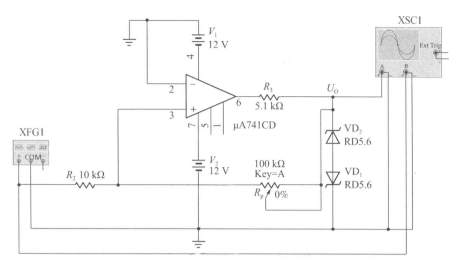

图 6-9-9  同相迟滞比较器仿真电路

# 6.10  波形产生电路

### 6.10.1  实验目的

(1) 了解集成运算放大器在信号产生方面的应用。

(2) 掌握由集成运算放大器构成的波形发生电路的特点和分析方法。

(3) 熟悉波形发生器的设计方法。

### 6.10.2  实验原理

在自动化设备和系统中,经常需要进行性能的测试和信息的传送,这些都离不开一定的信号作为测试和传送的依据。在模拟系统中,常用的信号有正弦波信号、方波信号和锯齿波信号等。

当集成运放应用于上述不同类型的波形产生电路时,其工作状态并不相同。本实验研究的方波、三角波、锯齿波产生电路,实质上是脉冲电路,它们大都工作在非线性区域,常用于脉冲和数字系统中作为信号源。

#### 1. 方波产生电路

方波产生电路如图 6-10-1 所示,由集成运放与 $R_1$、$R_2$ 及一个迟滞比较器和一个充放电回路组成。稳压管和 $R_3$ 的作用是钳位,即将迟滞比较器的输出电压限制在稳压管的稳定电压值。

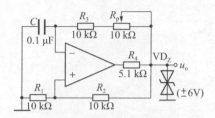

图 6-10-1  方波产生电路

我们知道迟滞比较器的输出只有两种可能的状态:高电平或低电平。迟滞比较器的两种不同的输出电平使 $RC$ 电路进行充电或放电,于是电容上的电压将升高或降低,而电容上的电压又作为迟滞比较器的输入电压,控制其输出端状态发生跳变,从而使 $RC$ 电路由充电过程变为放电过程或相反。如此循环往复,周而复始,最后在迟滞比较器的输出端即可得到一个高、低电平周期性交替的矩形波即方波。该方波的周期可由下式求得:

$$T=2RC\ln\left(1+\frac{2R_1}{R_2}\right)$$

### 2. 三角波产生电路

三角波产生电路如图 6-10-2 所示,由集成运放 $A_1$ 组成迟滞比较器,集成运放 $A_2$ 组成积分电路。迟滞比较器输出的矩形波加在积分电路的反相输入端,而积分电路输出的三角波又接到迟滞比较器的同相输入端,控制迟滞比较器输出端的状态发生跳变,从而在 $A_2$ 的输出端得到周期性的三角波。调节 $R_1$、$R_2$ 可使幅度达到规定值,而调节 $R_4$ 可使振荡满足要求。该三角波的周期可由下式求得:

$$T=\frac{4R_1R_4C}{R_2}$$

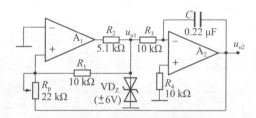

图 6-10-2  三角波产生电路

### 3. 锯齿波产生电路

在示波器的扫描电路以及数字电压表等电路中常常用到锯齿波。图 6-10-3 所示为锯齿波发生电路,它在三角波产生电路的基础上,用二极管 $D_1$、$D_2$ 和电位器 $R_p$ 代替原来的积分电阻,使积分电容的充电和放电回路分开,从而成为锯齿波发生电路。该锯齿波的周期可由下式求得:

$$T=\frac{2R_1R_pC}{R_2}$$

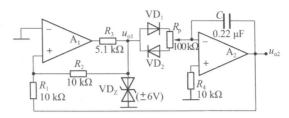

**图 6-10-3 锯齿波产生电路**

### 6.10.3 实验内容与步骤

**1. 方波产生电路**

(1) 按图 6-10-1 连接实验电路。

(2) 用示波器观察 $u_C$、$u_o$ 的波形和频率。

(3) 分别测出 $R=R_3+R_p=10 \text{ k}\Omega$ 和 $R=R_3+R_p=110 \text{ k}\Omega$ 时的频率和输出幅值。

(4) 要想获得更低的频率应如何选择电路参数？试利用实验箱上给出的元器件进行实验并观测。

**2. 占空比可调的矩形波产生电路**

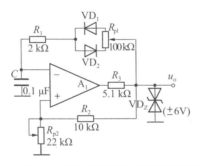

**图 6-10-4 占空比可调的矩形波产生电路**

(1) 按图 6-10-4 连接实验电路。

(2) 用示波器观测电路的振荡频率、幅值和占空比。

(3) 若要使占空比更大应如何选择电路参数？试用实验验证。

**3. 三角波产生电路**

(1) 按图 6-10-2 连接实验电路。

(2) 用示波器观察 $u_{o1}$、$u_{o2}$ 的波形并记录。

(3) 如何改变输出波形的频率？试用实验验证。

**4. 锯齿波产生电路**

(1) 按图 6-10-3 连接实验电路。

(2) 用示波器观察输出信号的波形和频率。

(3) 改变电路参数以改变锯齿波频率并测量变化范围。

### 6.10.4 Multisim 仿真分析

**1. 方波产生电路**

在 Multisim 中按图 6-10-1 调取所需元件,设定参数,连接电路,具体仿真电路如图 6-10-5 所示。单击示波器图标,即可在【示波器】面板观察到输出波形。

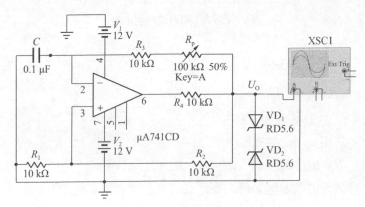

**图 6-10-5　方波产生仿真电路**

**2. 占空比可调的矩形波产生电路**

在 Multisim 中按图 6-10-4 调取所需元件,设定参数,连接电路,具体仿真电路如图 6-10-6 所示。单击示波器图标,即可在【示波器】面板观察到输出波形。调整相关电路参数,可以改变矩形波的占空比。

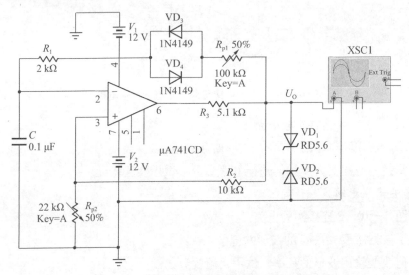

**图 6-10-6　占空比可调的矩形波产生仿真电路**

**3. 三角波产生电路**

在 Multisim 中按图 6-10-2 调取所需元件,设定参数,连接电路,具体仿真电路如图 6-10-7 所示。单击示波器图标,即可在【示波器】面板观察到输出波形。

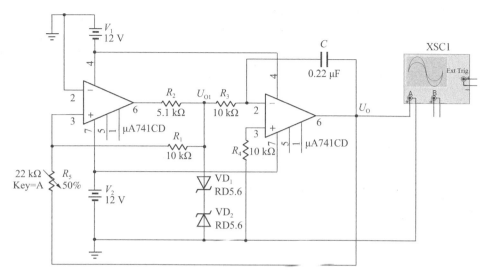

**图 6 - 10 - 7　三角波产生仿真电路**

### 4. 锯齿波产生电路

在 Multisim 中按图 6 - 10 - 3 调取所需元件，设定参数，连接电路，具体仿真电路如图 6 - 10 - 8 所示。单击示波器图标，即可在【示波器】面板观察到输出波形。

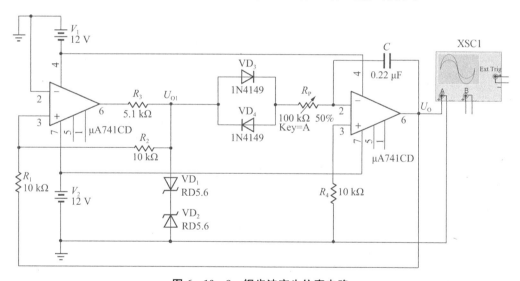

**图 6 - 10 - 8　锯齿波产生仿真电路**

## 6.10.5　思考题

1. 波形产生电路需要调零吗？

2. 波形产生电路有没有输入端？

# 参考文献

[1] 孙梯全,龚晶.电子技术基础实验[M].南京:东南大学出版社,2017.

[2] 龚晶,卢娟.电路分析基础实验[M].北京:机械工业出版社,2015.

[3] 吕波,王敏.Multisim 14 电路设计与仿真[M].北京:机械工业出版社,2016.

[4] 谢自美.电子线路设计·实验·测试[M].武汉:华中科技大学出版社,2015.

[5] 孙晖.电工电子学实践教程[M].北京:电子工业出版社,2018.

[6] 张洋,刘军,严汉宇,等.原子教你玩 STM32:库函数版[M].2 版.北京:北京航空航天大学出版社,2015.

[7] 彭刚,秦志强.基于 ARM Cortex - M3 的 STM32 系列嵌入式微控制器应用实践[M].北京:电子工业出版社,2009.